청소해부도감

SOUJI NO KAIBOU ZUKAN
ⓒ JAPAN HOUSECLEANING ASSOCIATION 2017

Originally published in Japan in 2017 by X-Knowledge Co., Ltd.
Korean translation rights arranged through BC Agency, SEOUL.
Korean translation rights ⓒ 2018 by The Forest Book Publishing Co.

NPO법인 일본하우스클리닝협회 지음

김현영 옮김

청소해부도감

너저분한 삶을 반짝이게 해줄 청소의 기술

방법만 바꿔도 달라지네~
청소, 이제 미루지
말아야지!

더숲

청소,
하기는
해야겠는데…….

슬슬
시작해야지…….

자꾸만 게을러져서 그냥저냥 내버려두고
살고 있지는 않나요?

청소를 안 한다고
큰일이 나는 것도
아니고~~.

하지만 그대로 방치하면
살림살이도 엉망이 되고 몸과 마음의
건강까지 잃게 됩니다.

1

단계별로 청소하는 방법을
알려드립니다

피곤한 날에는
무리하지 말아요.

여기에서 말하는 단계란 '오염의 정도'를 뜻합니다. 표면만 살짝 더러워졌는지, 각종 오염물질이 단단하게 들러붙었는지에 따라 이를 제거하는 방법이 다릅니다. 이 책에서는 이러한 오염의 정도를 '바로바로'와 '꼼꼼하게'로 나누어 깨끗하게 제거하는 방법을 알려드립니다.

2

효과적으로 청소하는 방법을 알려드립니다

열심히 닦는다고 닦았는데 걸레질 자국이 남거나, 깨끗하게 하려고 강력 세제를 사용했는데 얼룩이 저서 속상했던 경험, 혹시 없으신가요? 이 책에서는 전문가를 양성하는 청소 전문가가 특별한 세제를 사용하지 않고도 한 번에 청소를 끝낼 수 있는 효과적인 방법을 알려드립니다.

3

청결함을 유지하는 방법을
알려드립니다

청소는 하면 할수록 확실하게 성과를 낼 수 있는 집안일입니다. 집 안이 깨끗해지면 그만큼 마음도 상쾌해집니다. 일단 집 안이 말끔해졌다면, 이후에는 청소 전문가가 알려주는 팁을 활용해 오염을 예방하고 청결한 상태를 오래 유지해보세요.

청소는 어렵지 않다!
쉽고 올바른 방법을 익혀서
기분 좋은 하루하루를 보내자!

1 주방

2 거실·식당

4 물을 많이 쓰는 곳

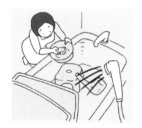

5 실외

COLUMN

잠깐!

· 이 책에서는 일반적으로 범용성이 높은 청소법의 일례를 소개했습니다. 소재나 설비에 따라서는 이 책에서 소개한 청소법이 맞지 않을 수 있습니다. 청소 전에 취급설명서(또는 제조회사 홈페이지)를 참고하거나 눈에 띄지 않는 곳에 시험해보고 청소하시기 바랍니다.

· 대부분의 청소법에서 강력한 세제 사용은 권하고 있지 않지만 피부가 약한 분은 고무장갑을 착용하시기 바랍니다.

청소는 이 세 가지 세제만 있으면 충분하다

상상 이상으로 때가 잘 지워진다!

구연산, 베이킹소다(탄산 수소 소듐), 과탄산소다(산소계표백제). 이 책에서 소개하는 청소 방법에는 주로 이 세 가지 세제가 쓰인다. 전용 세제를 여러 종류 갖추는 것보다 돈도 덜 들고, 환경과 인체에도 무해하기 때문이다.

"천연 세제라는 점은 끌리지만, 과연 때가 잘 질까?" 이런 의구심이 든다면 안심해도 좋다. 몇십 년이나 묵은 때가 아니라면, 이 세 가지만으로도 얼마든지 집 안을 깨끗하게 청소할 수 있다.

중요한 것은 사용법이다. 가루 상태로 뿌리느냐, 물에 녹여 분무하느냐, 아니면 푹 담가두느냐……. 오염물질에 제대로 작용하는 적절한 사용법을 익히면 시판 세제 못지않은 효과를 볼 수 있다.

실내용 세제 대신에	주방·욕실 세제 대신에	염소계표백제 대신에

베이킹소다 	구연산 	과탄산소다 
↓	↓	↓

기름때
피지 오염

물때
암모니아 냄새

곰팡이 제거
살균

주의

- 나무, 알루미늄, 칠기 등에는 사용하지 않는다(변색되거나 얼룩질 수 있다).
- 흰 가루나 미끈거림이 남기 쉬우니 깨끗이 닦아낸다.

주의

- 염소계세제와 같이 사용하지 않는다(유해가스 발생).
- 대리석, 시멘트, 철 등에는 사용하지 않는다(손상될 수 있다).

주의

- 피부가 약한 사람은 고무장갑을 끼고 사용한다.
- 눈에 덜 띄는 곳에 미리 시험해보고 효과가 있을 시에 사용한다.

사용법

- 가루 상태로 뿌린다.
- 분무한다(2작은술 : 물 200ml).
- 반죽으로 만들어 팩을 한다(2큰술 : 물 1큰술).

사용법

- 가루 상태로 뿌린다 (심한 오염에만).
- 분무한다(1.5작은술 : 물 200ml).

사용법

- 뜨거운 물에 녹여서 담근다(1작은술 이상 : 뜨거운 물 1L).
- 반죽으로 만들어 팩을 한다(물 조금 + 2큰술 : 액체비누 1큰술).

섞으면
진득진득

잘 녹으므로
너무 많이 넣지 않도록
주의하자.

세제를 오래
밀착시키고 싶은 곳에

물 1큰술 ❶
베이킹소다 2큰술 ❷

❶.5 구연산 1.5작은술
물 200ml

액체비누 1큰술 ❶
과탄산소다 2큰술 ❷
물 조금

장소별 세제 일람표

	주방	거실 · 식당
베이킹소다 가루 상태로	• 싱크대 얼룩 • 가열기구, 환기팬의 기름때 　(담가둔다) • 레인지 후드의 필터 　(담가둔다) • 전자레인지 안의 기름때나 냄새 • 생선 굽는 그릴 • 식기(소재에 따라 다름) • 법랑냄비의 탄 자국	• 카펫이나 소파(섬유 제품) • 종이나 섬유로 된 조명기구의 갓 • 봉제인형 기름때는 50℃ 전후의 따뜻한 물이 좋아요. 찬물과 뜨거운 물을 반씩 섞으면 알맞아요.
베이킹소다 분무하기	• 벽이나 바닥에 튄 기름방울 • 슬리퍼 속의 끈적임 • 주방가전의 기름때	• 문손잡이, 스위치, 서랍 등의 손때 • 조립식 매트의 끈적임 • 에어컨 필터 • 제습기 안의 곰팡이나 미끈거림
베이킹소다 팩하기	• 레인지 후드의 안쪽 찌든 때 • 배수구의 미끈거림 〈 베이킹소다+ 　구연산	• 크레용 자국 　(묻은 장소와 기간에 따라 다름)
구연산	• 수도꼭지의 물때 • 주방가전, 식기세척기, 식기건조대 등의 물때	• 가습기 안의 물때 • 다리미의 증기 구멍
과탄산소다	• 냉장고 안의 부속품 • 플라스틱 식기, 조리기구	
기타	• 조리대나 쓰레기통의 살균 　(에탄올)	• 유성펜 자국 　(에탄올) • 에어컨 송풍구 　(에탄올)

침실, 방

- 침대의 매트리스

- - - - - - - - - - - - -

- 서랍 속

피지에 의한 오염에는
베이킹소다

창호문이라면
수분은 NG.
대신 샤포나
마른걸레를
사용해요.

- 천연 돗자리
  (식초+미지근한 물)
- 서랍 속
  (에탄올)

물을 많이 쓰는 곳

- 욕실 바닥
- 변기 물탱크

구연산수
분무하기

베이킹소다

- - - - - - - - - - - - -

- 세면실 바닥

- - - - - - - - - - - - -

- 세면대의 녹이나
  미끈거림

- 배수구의 미끈거림   베이킹소다+
  구연산

- 욕조와 욕실용품의 물때
- 거울의 얼룩
- 수도꼭지의 물때

- 타일의 줄눈이나
  고무패킹의 곰팡이
- 세탁조

- 화장실 스위치 주변
  (에탄올)

실외

- 신발장 속
  (베이킹소다를 접시 등에
  담아둔다)

- - - - - - - - - - - - -

- 현관문
- 베란다의 배기가스
  오염과 창문의 손때

집 안이 깨끗해지면
마음도
개운해져요.

연말이 되면 대청소를 한
다. 더러움을 떨어내면 나
쁜 기운이 떨어져나간다
고 믿기 때문이다.

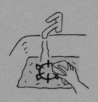

1

주 방

하루에도 몇 번씩 사용하기에 쉽게 더러
워질 수 있는 주방. 물, 기름, 음식 찌꺼
기……. 오염의 종류와 들러붙은 정도에
맞춰서 우선은 '부드럽게 불리고', '오래
방치하지 않기'가 주방을 청소하는 요령
이다.

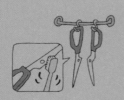

더러워지기 전에 청결을
유지하는 비결은
50쪽을 참고하세요.

가열기구

조리가 끝난 후에는 행차 뒤 나팔 부는 격

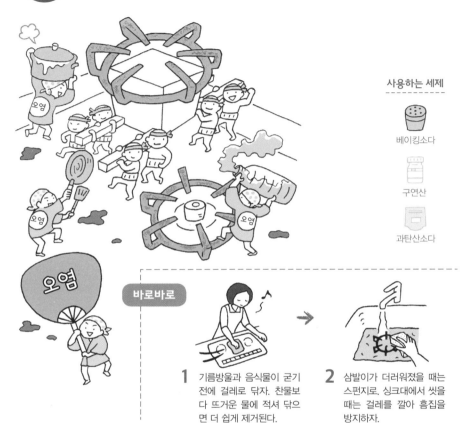

사용하는 세제

베이킹소다

구연산

과탄산소다

바로바로

1 기름방울과 음식물이 굳기 전에 걸레로 닦자. 찬물보다 뜨거운 물에 적셔 닦으면 더 쉽게 제거된다.

2 삼발이가 더러워졌을 때는 스펀지로. 싱크대에서 씻을 때는 걸레를 깔아 흠집을 방지하자.

아무리 요리를 잘하는 사람이라도 일단 썼다 하면 더러워지는 것이 바로 가열기구다. 조리 중간에는 뜨거운 불 때문에 닦을 수 없고, 조리가 끝나면 음식을 바로 먹어야 해서 청소는 뒤로 미루게 되기 때문이다. 하지만 뒤늦게 들러붙은 때를 닦다 보면 바로 치울걸 하는 후회가 밀려온다. 기름방울과 음식물이 말라붙기 전이라면 물로 씻어내거나 물걸레질을 하는 것만으로도 금방 깨끗해진다. 혹여 시간이 지났더라도 힘들여 박박 닦지 말고 우선은 부드럽게 불려보자. 베이킹소다수를 분무하거나 아예 베이킹소다수에 담그면 훨씬 더 쉽게 제거할 수 있다.

꼼꼼하게 끓어 넘친 음식물이나 기름때가 쌓이기 쉬운 가열기구 주변. 베이킹소다가 있으면 삼발이와 가스레인지 본체 청소가 쉬워진다.

가스레인지

point
찬물보다 뜨거운 물이 좋아요.

베이킹소다

비닐봉지 하나면 OK

1 베이킹소다+뜨거운 물에 10분

싱크대에 비닐봉지를 펼치고, 뜨거운 물 1L당 베이킹소다 1큰술을 녹인 후에 삼발이를 담그자. 10분 정도 때를 불리고, 비닐봉지 끝을 잘라 물을 버린다.

박박

숟가락 뒤쪽이나 드라이버로

2 딱딱하게 들러붙은 때는 철 수세미로

1의 방법으로 지워지지 않으면 철 수세미나 스펀지의 거친 면으로 문지르자. 숟가락 뒤쪽이나 드라이버 등으로 벅벅 긁어서 떼어내도 좋다.

전기레인지(IH 인덕션)

베이킹소다

point
살짝 구긴 알루미늄포일

1 베이킹소다를 뿌리고 포일로 문지르자

베이킹소다를 뿌리고, 가볍게 구긴 알루미늄 포일로 문지르자. 베이킹소다가 그대로 남아 있는 상태에서 문지를 수 있어 스펀지보다 때를 벗기기 쉽다.

point
구연산수를 뿌리면 베이킹 소다가 남지 않아요.

2 전부 닦아내면 반짝반짝!

물걸레질로 깨끗하게. 베이킹소다가 남으면 하얀 얼룩이 생길 수 있으니 때와 함께 말끔히 닦아내자.

얼룩이 찌들기 전에 팩 붙이기

가열기구 주변 벽

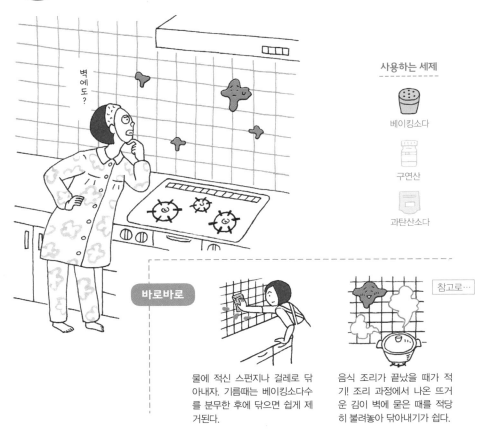

벽에도?

사용하는 세제

베이킹소다

구연산

과탄산소다

바로바로

물에 적신 스펀지나 걸레로 닦아내자. 기름때는 베이킹소다수를 분무한 후에 닦으면 쉽게 제거된다.

참고로…

음식 조리가 끝났을 때가 적기! 조리 과정에서 나온 뜨거운 김이 벽에 묻은 때를 적당히 불려놓아 닦아내기가 쉽다.

지글지글 고기를 구웠을 때, 기름을 두르고 볶음 요리를 했을 때……. 수증기에 섞인 기름방울이 달라붙어 가열기구 주변 벽은 우리의 생각보다 훨씬 더 더러워진다. 벽을 만져보자. 혹시 미끈거리거나 껄끄럽지는 않은가?

가장 좋은 방법은 조리가 끝나자마자 물걸레질을 하는 것이다. 뜨거운 김이 충분히 남아 있을 때 벽을 닦으면 기름때가 자연스럽게 불어 쉽게 제거된다. 단단하게 들러붙은 기름때에는 베이킹소다수 팩을 해보자. 베이킹소다수에 적신 키친타월을 덮고 그 위에 랩을 씌워 물기가 마르지 않게 해주면 효과가 더욱 좋다.

꼼꼼하게 들러붙은 단단한 기름때에는 팩이 효과적이다.
박박 문지르는 것보다 힘도 덜 들고 세제도 아낄 수 있다.

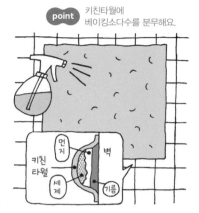

point 키친타월에
베이킹소다수를 분무해요.

1 굳어버린 기름때는 팩으로 불리자

벽에 튄 기름을 방치하면 그 위에 먼지가 붙어 딱딱해진다. 이럴 때는 베이킹소다수에 적신 키친타월을 붙여 팩을 해주자. 때가 부드러워진 후에 물걸레질을 하면 스르륵 잘 닦인다.

2 그래도 남아 있는 찌든 때는 긁어내자

팩을 해도 떨어지지 않는 찌든 때는 다 쓴 카드로 긁어내자. 철 수세미와 달리 빈틈이 없어서 원하는 부분만 말끔하게 떼어낼 수 있다.

- -

기름을 덜 튀게 하는 요령

기름을 덜 튀게 하는 몇 가지 요령을 알아보자. 청소 전의 예방책으로 사용하면 좋다.

'기름 방지망'으로 기름방울을 막자

조리 중에 촘촘한 망을 덮어놓으면 밖으로 튀는 기름방울을 막을 수 있다. '기름 방지망'은 수증기는 통과되고 기름방울은 막아준다.

칼집을 넣어 파열을 막자

안이 비어 있는 채소는 가열되면 공기가 팽창하여 파열되기 쉽다. 공기가 빠질 수 있게 미리 칼집을 넣어두자.

식재료의 수분을 미리 제거하자

채소나 어패류는 더 꼼꼼하게 물기를 제거한 후에 불에 올려야 한다. 껍질 안쪽도 주의. 세척 시의 물기가 남아 있을 수 있다.

조리대

조리하기 위한 곳··· 이 아니라 식기 보관소?

사용하는 세제

베이킹소다

구연산

에탄올

바로바로

1 행주로 바로 닦자. 단, 인공대리석에는 철 수세미나 멜라민스펀지(매직블록)를 사용하지 말아야 한다.

2 주방의 하루 일과가 끝나면 '에탄올 분무하기+말리기'로 세균을 없애자.

조리대 청소는 간단하다. 아주 더럽지 않다면 젖은 행주로 닦아내기만 해도 충분하다. 주방의 하루 일과가 끝난 후에 에탄올을 뿌려서 세균까지 없애주면 금상첨화다. 이렇게 하면 청결한 주방에서 아침을 시작할 수 있다.

만약 닦는 것이 귀찮게 느껴진다면 조리대가 '닦기 힘든' 상태에 놓여 있는지도 모른다. 식기건조대, 양념통, 조리도구 등이 나와 있다면 이 물건들부터 제자리에 정리해보자. 물건 정리가 그렇게 어렵지 않다면 식기건조대 없이 생활하는 방법도 있다.

설거지가 끝난 식기, 어떻게 할까?

설거지가 끝나면 조리대 위에 식기와 조리도구 등이 쌓이기 쉽다.
하지만 요리를 시작할 때는 조리대 위가 말끔해야 한다.

식기건조대가 없는 경우

살짝 기울이면
물이 더 잘 빠져요.

 point
식기를 뒤집어 놓아야
습기가 쌓이지 않아요.

행주나 매트를 깔자

식기건조대가 없으면 식기를 늘 같은 자리에
쌓아두는 습관을 예방할 수 있다. 행주나 흡수
매트를 식기건조대 대신 사용하고, 젖으면 바
로 세탁하자. 단, 덜 마른 냄새가 나지 않도록
주의해야 한다.

식기건조대가 있는 경우

point
수저통 바닥에 곰팡이가
피기 쉬우니 주의해요.

point
받침대의 물은 자주
버리고, 물때에는
구연산수를 분무해요.

건조대는 작은 것으로 깨끗하게

대용량을 사용하면 식기 보관소로 전락할 우
려가 있다. 한 끼 분량의 식기만 담을 수 있는
작은 건조대를 사용하고, 가득 차면 바로 정리
하는 습관을 들이자. 물받이나 수저통에는 곰
팡이와 물때가 끼기 쉬우니 주의한다.

이런 방법을 쓰면 식기건조대 없이도 깔끔!

조리대에 식기를 쌓아두지 않게 하는 아이템을 이용하자. 작은 주방이라면 더욱 주목!

관리하기 편한 규조토 매트

흡수성이 뛰어나다. 햇빛에 말리기
만 하면 되므로 관리가 편하다는
장점이 있다. 세제로 씻으면 흡수
성이 떨어져서 오히려 좋지 않다.

돌돌 말리는 롤선반

대나무 발처럼 말아서 수납할 수 있
다. 사용할 때만 펼치면 되므로 편리
하다. 곰팡이가 피지 않도록 보관
시 물기를 완전히 제거해야 한다.

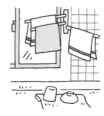

'바로 닦기'가 편해지는 행주걸이

씻고 닦는 과정이 한곳에서 이루어지
면 정리도 빨라진다. 마른행주가 싱
크대 옆에 준비되어 있지 않으면 가
지러 가는 수고가 귀찮게 느껴진다.

싱크대는 닦으면 닦을수록 광이 난다

그거,
싱크대 닦을 때
사용할 거야.

사용하는 세제

베이킹소다

구연산

과탄산소다

바로바로

1 물에 적신 스펀지로 닦자. 돌려서 닦지 말고 한 방향으로 문질러야 흠집을 예방할 수 있다.

2 물기를 제거하고, 반짝반짝 윤이 나게 수도꼭지도 닦자. 마른행주질은 청소 후의 만족감을 최대치로 끌어올려 준다.

먹기 전에는 식재료를, 먹은 후에는 그릇을 씻어야 하는 싱크대. 날마다 흙, 물때, 음식 찌꺼기, 기름 등이 뒤섞여 금방 더러워진다.

싱크대의 소재는 일반적으로 스테인리스다. 스테인리스는 오염물질만 깨끗하게 제거해주면 오래도록 새 제품이었을 때의 광택을 유지할 수 있다. 평소에는 물로 씻고, 주 1회 정도는 베이킹소다 가루를 뿌려서 꼼꼼하게 닦아내자. 이때 빙글빙글 돌려가며 닦는 것은 금물. 이렇게 닦으면 스테인리스에 흠집이 생겨서 부예지는 원인이 된다.

싱크대가 지저분하면 음식을 할 마음도 안 생기고 효율도 떨어진다.
요령만 알면 반짝반짝 윤이 나는 상태를 쉽게 유지할 수 있다.

스테인리스의
결을 따라서

베이킹소다를
전체에 골고루

1

부예진 싱크대에는
베이킹소다!

싱크대를 허옇게 만드는 것은 식품의 기름기다. 기름때도 빼주면서 연마제 역할도 하는 베이킹소다를 써보자. 가루 상태로 뿌리고 스펀지로 문지르면 몰라볼 정도로 윤이 난다. 철 수세미는 흠집을 낼 수 있어 좋지 않다.

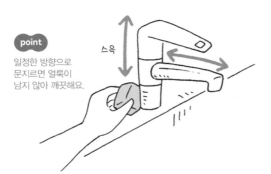

point

일정한 방향으로
문지르면 얼룩이
남지 않아 깨끗해요.

스윽

2

하얀 물때에는
멜라민스펀지

수도꼭지의 하얀 얼룩은 주로 물때다. 멜라민스펀지를 이용해 일정한 방향으로 닦으면 물때도 제거되고 얼룩도 남지 않는다. 물이 나오는 구멍의 안쪽도 빼놓지 말자. 곰팡이나 미끈거리는 점액질이 있을 수 있다.

귤껍질에는 구연산과 비슷한
효과가 있어서 가벼운 물때를
없애는 데 사용할 수 있어요.

TIP!

구연산수

[심한 오염에는…]

단단하게 굳은 물때에는
구연산수 팩!

약간의 얼룩 정도라면 2의 방법으로도 충분하다. 하지만 물때가 딱딱하게 굳어 있다면 나무젓가락 등으로 긁어서 제거한 후에 구연산수를 분무하여 랩으로 감싸놓자. 한 번에 다 제거되지 않으면 팩을 하고 닦아내는 과정을 반복한다.

미끈거리는 오염에는 부글부글 거품이 효과적

사용하는 세제

베이킹소다

구연산

과탄산소다

아자!

바로바로

1 식기용 세제나 베이킹소다로 고무 뚜껑이나 거름망을 씻자.

2 물로 헹구자. 뜨거운 물로 헹구면 더욱 깨끗해진다. 주방의 일과가 다 끝난 때라면 전기포트나 보온병에 남아 있는 따뜻한 물을 이용해도 좋다.

주방에서 가장 기피하고 싶은 곳이 바로 배수구다. 덮개를 열어보면 정체불명의 찌꺼기와 진득한 오염물질이 덕지덕지 붙어 있기 때문이다. 하지만 그대로 방치하면 악취의 원인이 된다. 배수구를 씻을 때는 거름망은 물론이고, 그 안쪽의 트랩과 배수관까지 신경 써야 한다.

효과가 큰 방법은 베이킹소다와 구연산수를 같이 사용하는 것이다. 이 둘이 만나면 거품이 일면서 오염물질이 자연스럽게 녹아내린다. 구연산수 대신 식초를 써도 좋다. 강력표백제와 달리 손이 더러워질 염려도 없고 독한 냄새도 나지 않는다.

꼼꼼하게 손대고 싶지 않은 배수구는 베이킹소다+구연산수의 거품으로 해결!
평소에 자주 해주면 심하게 더러워지는 것을 막을 수 있다.

구연산수
분무하기

베이킹소다

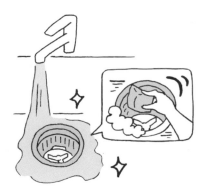

point 거품이 나는 동안에는
그대로 방치해요.

1 보글보글 거품을 일으키는 베이킹소다+구연산수

미끈거리고 끈적이는 배수구에 베이킹소다
를 뿌리고 5분간 그대로 두자. 여기에 구연
산수를 뿌리면 보글보글 거품이 일어난다.
이 거품이 살균 작용을 하고 때를 녹인다.

2 따뜻한 물로 헹구면 말끔해진다!

거품이 더 일어나지 않으면 따뜻한 물로
헹구자. 홈이 파여 잘 닦이지 않는 곳은
멜라민스펀지나 청소용 칫솔로 문지르면
된다. 딱딱하게 굳은 때가 아니므로 힘들
이지 않고 깨끗이 닦을 수 있다.

미끈거림을 예방하는 유용한 아이디어

음식을 만들 때 조금만 주의하면 유해 세균의 번식을 막을 수 있다.

거름망을 얕은 것으로 교체하자

거름망은 지름만 맞으면 얼마든지
교체할 수 있다. 깊이가 얕은 거름
망을 사용하면 담기는 쓰레기의 양
이 줄어 그만큼 더 자주 씻게 된다.

금속 이온으로 세균 번식을 막자

알루미늄포일을 탁구공 크기로 뭉
쳐서 배수구 안에 넣어두자. 알루미
늄이 물과 만날 때 생기는 금속이
온이 세균 번식을 막아 물때를 예
방해준다.

음식물 쓰레기는 바로 버리자

무엇보다도 음식물 쓰레기를 쌓아
두지 않는 것이 제일 좋다. 재료를
다듬을 때 나오는 음식물 쓰레기
는 배수구가 아닌 음식물 쓰레기
봉투에 바로 버리자.

올바른 관리법은
소재마다 다르다!

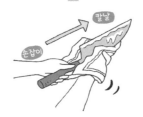

칼날

손잡이

칼

물기를 제거해 녹을 방지하자

사용 후에 바로 씻어서 물기를 닦는 것이 오래
사용하는 비결이다. 찬물보다는 뜨거운 물로
씻자. 녹의 원인인 물방울이 잘 남지 않아 좋
다. 또한 손잡이에서 칼날 쪽으로 닦아야 안전
하다.

도마(플라스틱제)

깨끗해서 반짝이는 조리도구는 언제 보
아도 기분이 좋다. 칼, 도마, 프라이팬……
늘 새것 같을 수는 없겠지만 얼룩이나 찌
든 때, 눌어붙은 자국 등만 없어도 요리할
맛이 난다.

조리도구를 닦을 때는 소재마다 관리 방
법이 다르다는 점을 기억해야 한다. 같은
프라이팬이라도 테플론 가공을 했느냐, 철
이나 알루미늄 가공을 했느냐에 따라 관리
방법이 다르다. 예컨대, 철은 기름을 흡수
하여 표면을 보호하는 성질이 있으므로 이
를 벗겨내는 세제를 사용해 닦으면 오히려
조리 시에 음식물이 금방 눌어붙게 된다.
제품에 따른 특징은 설명서나 쇼핑몰에서
제공하는 정보를 참고하자.

행주와 함께 살균하자

사용 후에는 바로 씻어서 말려야 한다. 주 1회
정도는 과탄산소다로 세균을 없애자. 젖은 행
주로 감싸면 행주와 도마 전체를 동시에 표백
할 수 있다. 하룻밤 정도 담가두었다가 다음
날 아침에 깨끗이 헹구면 된다.

도마, 주걱 등(목제)

공기가 잘 통하는 곳에 두자

곰팡이가 슬기 쉬운 목제품은 수분 관리가 관
건이다. 항상 통풍이 잘되는 곳에 보관해야 한
다. 검게 변했다면 곰팡이가 슬었을 가능성이
있다. 이럴 때는 과탄산소다에 담갔다가 깨끗
이 헹구어 잘 말리자.

테플론 가공 프라이팬

표면가공을 손상시키지 말자

무엇보다도 흠집을 조심해야 한다. 클렌저나 거친 수세미는 피하고, 문질러 닦을 때는 부드러운 소재를 이용하자. 기름기는 천으로 닦아내거나 중성세제를 푼 미지근한 물에 잠시 담갔다가 닦으면 좋다.

철제 프라이팬

세제 NG! 눌어붙는 원인이 된다

팬의 기름기를 제거하는 세제, 팬에 흠집을 내는 클렌저나 철 수세미 등은 금물이다. 씻을 때는 키친타월이나 신문지 등으로 음식 찌꺼기를 먼저 제거하고, 뜨거운 물로 헹군 후에 다시 가열하여 물기를 완전히 말리자.

법랑 냄비

눌어붙으면 베이킹소다를 넣고 끓이자

기본적으로는 스펀지에 세제를 묻혀 닦으면 된다. 만약 기름때가 끼었거나 가볍게 눌어붙어서 제거해야 한다면 물+베이킹소다를 넣고 끓인 후에 열기가 남아 있을 때 스펀지로 문질러 닦자. 철 수세미는 코팅을 벗겨내므로 금물!

알루미늄 팬

쌀뜨물로 검게 변하는 것을 방지하자

알루미늄은 염분과 만나 산화하거나 검게 변색될 우려가 있다. 조리가 끝나면 음식물을 바로 꺼내고, 눌어붙으면 뜨거운 물을 부어 충분히 불린 후에 닦아내자. 이따금 쌀뜨물을 넣고 끓여주면 검게 변하는 것을 막을 수 있다.

채반, 강판

그물망에 찌꺼기를 남기지 말자

그물망에 음식 찌꺼기가 남으면 곰팡이가 생길 수 있다. 흐르는 물에 깨끗이 씻고, 가끔 청소용 칫솔로 꼼꼼하게 닦자. 냄새가 나면 베이킹소다수에 담갔다가 깨끗이 헹구어 말린다.

주방 가위

요철이나 홈은 칫솔로

기본적으로는 스펀지로 문질러 씻어서 잘 말리면 된다. 가윗날이 맞물리는 곳이나 요철 부분은 청소용 칫솔로 문지르자. 가능하다면 각각의 가윗날을 분리해서 씻는 것이 위생적이다.

식기

오염과 물기를 남기지 않는 것이 청결의 비결

식기류는 입에 직접 닿기 때문에 항상 깨끗해야 한다. 식기세척기가 많이 보급되어 있기는 하지만, 적은 양을 씻을 때는 역시 직접 설거지를 하는 편이 빠르다.

식기를 씻을 때는 물과 식기세척용 세제만 있으면 충분하다. 식기에 붙은 음식물을 부드럽게 불리기 위해 물에 담가두는 것은 좋지만, 하룻밤 이상 담가두면 오히려 냄새가 배거나 식기가 쉽게 파손될 우려가 있다. 또한, 어느 식기나 일단 기름이 묻으면 잘 지워지지 않는다. 설거지를 하기 전에 휴지나 키친타월 등으로 한 번 닦아내거나 베이킹소다를 뿌려두면 도움이 된다.

도자기

깨끗한 물에 담그자

기본적으로는 식기세척용 세제를 사용하고, 컵의 물때는 멜라민스펀지로 닦자. 새 제품은 하룻밤 정도 물에 담가두었다 사용하면 물때가 덜 끼고 냄새가 덜 밴다. 더러운 상태에서는 피해야 할 방법이다.

나무 그릇

호두기름이나 아마씨유도 OK

가끔 기름칠을 해주자

물이나 세제에 담가두는 것은 좋지 않다. 물로 씻을 때는 세제 없이 씻은 후 물기를 닦아야 한다. 오랫동안 사용하고 싶다면 물기가 다 마른 후에 부드러운 천으로 기름칠을 해두자.

플라스틱 식기

베이킹소다

50~60℃

냄새 제거에는 베이킹소다

스펀지에 중성세제를 묻혀 구석구석 깨끗하게 닦자. 냄새가 날 때는 50℃ 전후의 따뜻한 물에 베이킹소다를 녹여(물 1L에 베이킹소다 4큰술) 30분 정도 담가두자.

커트러리

윤기가 되살아난다!

스테인리스는 극세사(마이크로파이버)로 닦으면 물때가 말끔히 벗겨진다. 검게 변한 은제품은 냄비에 물, 알루미늄포일, 소금 1큰술과 같이 넣고 5분간 끓이면 깨끗해진다.

대나무 소쿠리와 찜기

그늘에서 완전히 말리자

물로 씻어서 물기를 닦은 후에 그늘에서 완전히 말려야 한다. 대나무 제품은 숨을 쉬기 때문에 수납 시에도 비닐 등으로 밀봉해서는 안된다.

입구가 작은 병

달걀 껍데기를 넣고 흔들자

달걀 껍데기를 병에 넣고 절반 정도 물을 채운다. 여기에 중성세제를 조금 넣고 잘 흔들어주면 달걀 껍데기가 구석구석에까지 닿아 병 속이 깨끗해진다.

유리잔

[씻는 순서]

이 순서대로 씻으면 쉽다

테두리, 받침, 다리, 안쪽의 순서로 닦아보자. 유리컵 안쪽을 씻을 때는 스펀지를 세로로 넣고 힘을 가하지 않은 상태에서 가볍게 돌리자. 따뜻한 물로 헹구면 물방울 자국도 많이 남지 않는다.

[물기를 닦는 요령]

세로 방향으로 잡자

몸에 수직(세로)으로 잡고 물기를 닦아야 안전하다. 가로로 잡으면 힘이 많이 들어가서 다리가 가는 유리잔 등은 자칫 깨질 우려가 있다. 섬유가 남지 않도록 마른수건으로 부드럽게 닦자.

쓰레기통

에탄올 살균도 효과적

스펀지에 중성세제를 묻혀 씻자. 욕실에 가지고 들어가 샤워기로 씻으면 편리하다. 물기를 제거하고 에탄올을 분무하여 세균을 없애면 더욱 좋다.

기름방울은 아크로바틱 선수들

사용하는 세제

베이킹소다

구연산

과탄산소다

바로바로

뜨거운 물에 적셨다가 물기를 꼭 짠 걸레로 닦자. 또는 식기 세척용 세제를 희석한 물이나 베이킹소다수를 분무한 후에 닦아도 좋다. 그림과 같이 아래에서 위로 닦아야 더러워진 물이 아래로 흘러내리지 않는다.

주방에서는 가열기구 주변만 더러워지는 것이 아니다. 기름을 사용해서 요리를 하면 눈에는 보이지 않아도 2미터 이상 기름방울이 날아간다. 이 기름방울을 방치하면 여기에 먼지가 붙어서 딱딱하게 굳고, 때로는 이 오염 때문에 곰팡이가 피기도 한다.

대부분의 주택에서는 주방 벽에 비닐벽지(실크벽지)를 사용한다. 이 벽지는 물이나 세제에 비교적 잘 견뎌서 관리하기가 쉬우므로 기름때가 눈에 보이면 바로바로 닦아내자. 또한, 쓰레기통 주변은 음식물 쓰레기에서 나온 물기로 더러워지기 쉬우니 자주 확인해야 한다.

꼼꼼하게 벽에 튄 기름방울을 방치하면 먼지가 달라붙어 딱딱하게 굳고, 벽 전체가 점차 누렇게 변한다. 온통 누레지기 전에 말끔한 상태를 유지하자.

광범위한 오염

point
물이 흘러내릴 수 있으니 신문지를 깔아요.

1 신문지 깔고 베이킹소다수 분무하기

주방의 벽지가 비닐벽지라면 베이킹소다수를 분무한 뒤 걸레로 닦아내도 된다. 물이 흐를 수 있으니 바닥에는 신문지 등의 종이를 깔아두자.

① ②
아래에서
위로

2 닦을 때는 아래에서 위로

눈에 띄는 오염을 먼저 제거한 후에 물걸레질을 하자. 오염 범위가 넓으면 욕실 청소용 솔을 사용하는 것이 편하다. 아래에서 위쪽으로 닦아야 더러워진 물이 흘러내리는 것을 막을 수 있다.

굳어버린 작은 오염

② ①

point
걸레로 받쳐요.

1 오염 부위에만 집중적으로

오염 부위에 집중적으로 베이킹소다수를 분무하고 싹싹 문지르자. 걸레를 밑에 받쳐야 더러워진 물이 흘러내려 벽을 얼룩지게 만드는 것을 막을 수 있다.

2 밖에서 안으로 톡톡

오염을 제거한 후에는 마른걸레로 물기를 제거하자. 바깥쪽에서 안쪽으로 원을 그리듯이 톡톡 두드려야 오염 부위가 번지지 않는다.

요리가 끝나면 청소 시작!

주방
바닥

사용하는 세제

베이킹소다

구연산

과탄산소다

바로바로

물방울이나 먼지는 대걸레로 닦아내자. 바닥에 기름이 튀었다면 베이킹소다수를 분무하고 닦으면 된다. 대걸레를 이용해야 허리에 부담이 가지 않아 좋다.

요리가 끝나면 청소를 시작해야 한다. 두 가지를 동시에 할 수 있다면 이상적이 겠지만, 기름방울과 물방울이 계속 튀는 바닥은 마지막에 닦아야 효율적이다.

이런 청소가 귀찮게 느껴지지 않으려면 도구를 잘 선택해야 한다. 예컨대, 허리를 굽히지 않고 바로 사용할 수 있는 대걸레를 주방 한쪽에 준비해놓으면 편리하다. 평소에는 대걸레질만으로도 충분하고, 이따금 정성스럽게 문질러 닦거나 바닥재 사이사이에 낀 먼지를 제거해주면 한눈에도 깨끗해 보이는 상태를 유지할수 있다.

꼼꼼하게 바닥에 튄 오염물질은 슬리퍼나 발바닥 등에 붙어서 집 안 전체로 퍼진다.
가끔 베이킹소다수를 분무하고 닦아보자. 산뜻함을 느낄 수 있다.

쿠션플로어

마룻바닥

point
끝이 뾰족한 나무젓가락으로
긁어내면 편해요.

1 바닥재에 맞는 방법으로

마룻바닥 중에는 물에 약한 소재도 있다. 이
런 소재는 마른걸레나 물기를 꼭 짠 걸레로
닦아야 한다. 쿠션플로어(장판)가 깔려 있다
면 물이나 세제를 모두 사용해도 된다. 베이
킹소다수를 뿌리고 잘 문질러 닦자.

2 검은 선은 홈에 낀 때?

마룻바닥의 홈을 자세히 들여다보면 먼지
와 기름이 섞인 검은 때가 끼어 있다. 가
끔은 끝이 뾰족한 나무젓가락이나 대나무
꼬치로 살살 긁어내자.

주방 바닥에 발생한 난감한 상황, 이렇게 하자!

식기가 깨졌을 때나 자주 닦아도 금방 더러워질 때는 이렇게 해보자.

식기를 깨트렸다!

우선 큰 파편부터 줍고, 남은 파편
을 청소기로 빨아들이자. 그리고
젖은 신문지 등으로 닦으면 미세한
파편까지 모아서 제거할 수 있다.

매트는 필요할 때만

별 생각 없이 깔아놓은 주방매트가
세균 번식과 오염의 온상이 될 수
있다. 기름방울이 많이 튀는 요리를
할 때만이라도 신문지로 덮어두자.

매일 닦는데도 더럽다면?

슬리퍼가 집 안을 더럽히는 주범
일지도 모른다. 바닥만 닦지 말고
슬리퍼 바닥도 확인하자. 베이킹소
다수+물걸레질이면 깔끔해진다.

부디 고개를 들어 필터를 보라

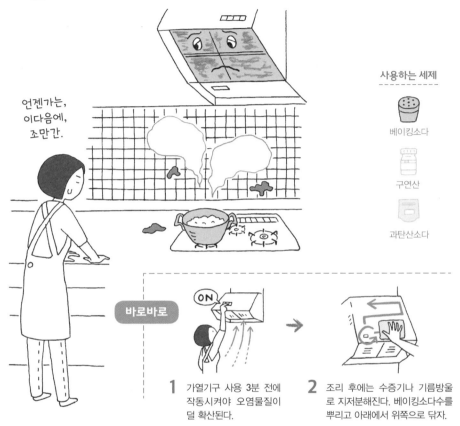

레인지 후드는 귀찮다고 방치해두면 생각보다 더 심각하게 더러워지는 위험지대다. 후드 안쪽이나 필터는 2~3개월에 1회, 바깥쪽은 날마다 닦는 것이 이상적이다.

한 번 쓰고 버리는 일회용 필터가 나와 있지만, 레인지 후드 내부의 각종 부속품이나 필터 안쪽은 끈적이는 갈색 오염물질에서 자유로울 수 없다. 주요 범인은 기름과 먼지다. 기름을 녹이는 베이킹소다와 따뜻한 물(50℃ 정도)의 힘을 이용해서 이 끈적이는 기름때를 벗겨내 보자.

꼼꼼하게 바로 문질러 닦다가는 힘들어서 나가떨어지기 십상이다.
베이킹소다+따뜻한 물에 담가 찌든 때를 충분히 불려준 후에 닦아내자.

반드시 전원을 끄고 시작해요!

1

신문지를 깔고
필터를 빼자

고무장갑을 끼고 필터를 빼내자. 눅진한 기름때가 떨어질 수 있으니 신문지 등을 깔아두면 좋다. 필터를 빼다가 실수로 스위치를 켜면 위험하므로 반드시 전원을 꺼둔 상태에서 시작해야 한다.

point
담가놓고 문지르면
때가 더 잘 벗겨져요.

베이킹소다

따뜻한
물

2

베이킹소다+따뜻한 물에 퐁당!
문지르는 것도 담근 상태에서

21쪽과 같은 요령으로 담가두자. 찬물보다는 50℃ 정도의 따뜻한 물이 좋다(16쪽 참조). 30분 정도 두었다가 청소용 칫솔 등으로 문지르면 된다. 담근 상태에서 문질러야 때가 더 잘 벗겨진다.

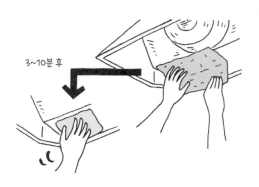

3~10분 후

3

후드 안쪽은
베이킹소다수 팩

후드 안쪽은 베이킹소다수에 적신 키친타월로 팩(만드는 방법은 15쪽)을 하고, 약 10분 후에 물걸레질을 하자. 도장이 벗겨질 우려가 있으니 묵은 때를 벗겨낼 때는 항상 주의해야 한다.

환기팬 이제 더는 못해… 굴복하기 전에 담그자

이제 한계야,
더는 못하겠어…….

사용하는 세제

베이킹소다

구연산

과탄산소다

바로바로

환기팬은 가끔만 닦아주면 된다. 그림의 연기 배출구는 사용 후에 베이킹소다를 뿌려서 잠시 두었다가 스펀지로 문질러 닦자.

환기팬 청소는 비교적 난이도가 높다. 만약 눅진한 기름때가 떨어지고 스위치를 켰을 때 괴상한 소리가 난다면 이미 적신호가 들어온 셈이다. 이런 상태에서는 환기팬에 부담이 가해져 전기료도 많이 들고, 자칫 설비 자체에 이상이 생길 수도 있다.

환기팬을 분리할 때는 반드시 제조회사의 취급설명서를 확인하고 전원을 끈 상태에서 시작하자. 골판지 상자에 비닐봉지를 걸고 베이킹소다+따뜻한 물을 부은 후 환기팬을 담그면 청소 후의 뒤처리가 쉬워진다.

꼼꼼하게 분리해서 씻어야 하는 만큼 난이도가 높다. 반년에 1회 정도가
이상적이지만 힘들다면 전문 업체에 의뢰하는 방법도 있다.

point
부품을 분리해서 바로
뒤집으면 안쪽에 고인
기름때가 쏟아질 수 있어요!

슬라이드 형식은
천천히

1

팬 커버와 팬을 분리하고
안쪽에 고인 기름때에 주의!

사용설명서를 꼼꼼히 확인한 후에 나
사를 풀어서 팬 커버와 팬을 분리하
자. 안쪽에 고인 기름때가 쏟아질 수
있으니 분리해낸 부품을 바로 뒤집어
서는 안 된다.

point
상자 모서리를 잘라두면
물을 빼기 쉬워요.

따뜻한
물 1L,
베이킹소다
3~4큰술

2

골판지 상자+비닐봉지 속
따뜻한 베이킹소다수에 담그자

분리한 부품을 베이킹소다+따뜻한
물에 담그자. 삼발이나 후드 필터를
청소했을 때와 같은 방법으로 담가도
되지만, 싱크대에 담그면 부품에 비해
많은 양의 물이 필요하다. 골판지상자
에 비닐봉지를 두 겹으로 걸어서 사용
하면 물도 절약되고 뒤처리도 편하다.

3

흐르는 물에
솔로 문질러 닦자

약 30분 후에 흐르는 물에 씻어내자.
청소용 칫솔이나 솔로 구석구석 닦으
면 편하다. 도장이 벗겨질 수 있으니
철 수세미는 피하고, 기름때가 남아
있으면 다시 베이킹소다수를 분무하
여 닦자.

깨끗이 닦고 싶다면 욕실로 GO GO!

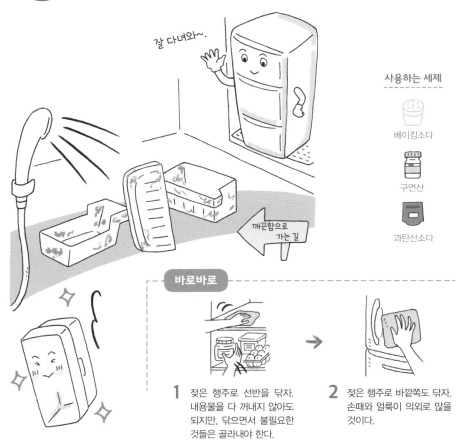

잘 다녀와~.

사용하는 세제

베이킹소다

구연산

과탄산소다

깨끗함으로 가는 길

바로바로

1 젖은 행주로 선반을 닦자.
내용물을 다 꺼내지 않아도
되지만, 닦으면서 불필요한
것들은 골라내야 한다.

2 젖은 행주로 바깥쪽도 닦자.
손때와 얼룩이 의외로 많을
것이다.

냉장고 안은 알게 모르게 서서히 더러워진다. 선반과 서랍 안을 자세히 보면 반찬통이나 식재료에서 흘러나온 정체불명의 액체, 식재료의 부스러기와 흙, 반찬통이 놓여 있던 자국 등을 확인할 수 있다. 깨끗이 청소하려면 내부 부품을 모두 꺼내서 통으로 씻어야 한다. 좁은 싱크대보다는 아무래도 욕실이 편하다. 제일 큰 부품 안에 작은 부품을 넣어서 담가두면 한 번에 세균을 제거할 수 있다. 욕실에서 물기까지 닦은 후에 제자리에 넣어야 바닥에 물이 떨어지지 않는다.

꼼꼼하게 항상 청결한 상태로 유지하고 싶은 냉장고.
행주질+과탄산소다로 세균 걱정 없이 말끔하게.

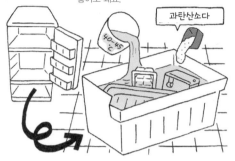

point
과탄산소다를 미리 녹인 후에
넣어도 돼요.

1

따뜻한 물에 담가
세균을 없애자

선반과 서랍을 주방 싱크대에서 닦기
는 어려우므로 욕실에 가져가 씻자.
제일 큰 서랍 안에 과탄산소다를 풀
고, 그 안에 다른 부속품을 넣자. 과탄
산소다는 찬물보다 40~45℃의 따뜻
한 물에 풀어야 효과가 크다.

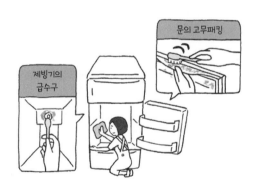

2

채소 부스러기나 물때는?
냉장고 안도 꼼꼼히

냉장고 부속품을 과탄산소다수에 담
가두는 동안, 과탄산소다수에 적셔서
물기를 꼭 짠 행주로 냉장고 안을 닦
아 세균을 없애자. 고무패킹이나 선반
걸이도 꼼꼼하게 닦아야 한다. 홈이
파인 곳은 면봉이나 청소용 칫솔로
닦자.

3

깨끗이 헹군 부속품을
제자리에 끼우면 끝!

30분 정도 담가둔 부속품을 흐르는 물
로 깨끗이 헹구고 물기를 닦아내자.
물기가 남아 있으면 곰팡이가 생겨 모
처럼의 수고가 헛고생이 될 수 있으니
주의한다.

사용하고 그대로 놔둔 주방가전은 타임캡슐

추억이
방울방울…….

사용하는 세제

베이킹소다

구연산

과탄산소다

주방의 가전제품은 식기나 조리도구처럼 사용할 때마다 더러워진다. 하지만 매번 전원을 끄고 청소하는 것이 귀찮기도 하고 제대로 된 관리방법을 모르기도 해서 그냥 방치해두는 경우가 많다.

열선이나 코드에는 물과 세제가 닿아서는 안 되지만, 사용 시에 음식물이 닿는 공간이나 물을 넣는 공간에는 물과 세제를 사용해도 괜찮다. 아무래도 물에 푹 담가둘 수는 없으므로 강력세제보다는 베이킹소다와 구연산을 이용하는 것이 안전하다. 이 두 가지를 적절히 사용하면 거의 모든 오염에 대처할 수 있다.

전자레인지	토스터

베
이
킹
소
다

물

point
랩은 씌우지 말아요!

point
거친 수세미는
흠집을 낼 수 있으니
사용하지 말아요!

1 베이킹소다수를 넣고 돌리자

레인지 안의 찌든 때는 대개 사방으로 튄 음식물과 기름방울이다. 컵이나 접시에 5%의 비율로 베이킹소다수를 만들어 랩을 씌우지 않고 5분만 돌리자. 딱딱하게 굳은 때가 부드러워진다.

1 눌어붙은 오염은 긁어내자

우선 망이나 트레이에 딱딱하게 눌어붙은 오염물질을 긁어내자. 거친 수세미보다는 다 쓴 신용카드나 나무젓가락의 비스듬한 뒷면을 이용하는 편이 좋다.

베
이
킹
소
다
수

2 수증기가 남아 있는 동안에 닦자

수증기가 충분히 남아 있을 때 좌우의 벽, 위와 아래, 문 안쪽까지 구석구석 물에 적신 행주로 깨끗이 닦아내자. 그런 다음 물에 레몬의 껍질이나 과육을 넣고 1~2분 정도 돌리면 탈취 효과를 볼 수 있다.

2 베이킹소다수 팩을 하자

1의 방법으로 떨어지지 않는 오염에는 베이킹소다수 팩을 하자. 오염이 심할 때는 베이킹소다수에 적신 키친타월을 2~3시간 정도 붙여두었다가 닦아내면 좋다.

전기밥솥	커피메이커 · 전기포트

1 눌어붙은 오염에는 베이킹소다수

내솥의 바깥쪽에 물기가 있는 채로 가열하면 검게 탄 자국이 생길 수 있다. 억지로 긁어내지 말자. 미지근한 베이킹소다수에 적셨다가 물기를 꼭 짠 키친타월을 잠시 붙여둔 후에 닦아내자.

1 구연산수를 끓이자

물 1L에 구연산 5작은술을 녹여서 넣고 전원 스위치를 켜자. 커피메이커는 물이 2/3 정도 줄어들 때까지, 전기포트는 물이 끓을 때까지 기다렸다가 스위치를 끄고 두세 시간~하룻밤 정도 그대로 둔다.

2 면봉과 카드도 훌륭한 청소도구

증기구나 바깥쪽 홈은 녹말 성분이 들어 있는 수증기와 손때로 더러워지기 쉽다. 면봉이나 쓸모없어진 카드를 이용해서 때를 닦아보자. 에탄올을 분무하는 것도 세균 제거에 효과적이다.

2 물만 다시 끓이면 끝!

그대로 두었던 구연산수를 버리고 깨끗한 물을 담아 다시 끓이자. 안쪽의 물때는 문지르지 않고 이렇게만 해주어도 말끔하게 없어진다.

전열식 조리기구

1 열기가 남아 있을 때 닦자

사용 후 아직 열기가 남아 있을 때 키친타월 등으로 닦아내는 것이 제일 좋다. 이렇게 지저분한 것들을 미리 닦으면 쉽고 빠르게 세척할 수 있다.

point
클렌저나
거친 수세미는 NG!

2 베이킹소다수에 불린 후 닦자

기름기가 많거나 음식물이 눌어붙었다면 물 1컵에 베이킹소다 1큰술을 넣고 가열하여 오염물질을 부드럽게 불리자. 단, 열기가 가시면 베이킹소다수를 바로 버려야 한다. 그대로 방치하면 표면가공이 벗겨질 수 있다.

믹서

1 오염의 종류에 따라

사용한 식재료에 따라 오염의 종류가 다르다. 채소나 과일 등 식물성 식재료를 사용했다면 물만으로도 충분하다. 달걀이나 우유 등의 동물성 식재료, 혹은 기름을 사용했다면 베이킹소다 1작은술을 첨가하자.

2 기계를 작동시켜서 씻자

물 혹은 물+베이킹소다를 넣고 작동시키면 칼날에 붙은 오염도 같이 제거할 수 있다. 주의할 점은 물의 양이다. 넘치지 않으려면 절반 정도만 채우자. 핸드믹서는 깨지지 않는 컵이나 냄비 안에서 작동시켜야 한다.

씻어낸 오염물질이 수증기에 섞여 구석구석으로

어머나~
후끈후끈하네~.

손님, 이제 돌아가실 시간입니다.

사용하는 세제

베이킹소다

구연산

에탄올

바로바로

1 거름망 사용 후에는 걸린 음식 찌꺼기를 바로 닦아내자. 망 사이에 낀 때는 청소용 칫솔로 닦는다.

2 외관과 작동 버튼은 행주로 닦자. 손때와 물때가 없으면 보기에도 깔끔해서 기분이 좋다.

구연산수

가사노동을 줄여주는 새로운 가전제품 중 하나가 식기세척기다. 손으로 설거지하는 것보다 절수 효과도 크고, 피곤하거나 바쁜 날에는 특히 의지가 되는 주방의 구세주다. 빌트인 형식이든 스탠드 형식이든 기본적인 관리방법은 똑같다. 행주, 면봉, 키친타월 등과 구연산수를 사용해서 더러워진 곳을 닦아내면 된다. 문의 손잡이나 작동 버튼 주변은 평소 놓치기 쉬워서 물때와 검은 곰팡이가 필 수 있으니 주의하자. 식기세척용 세제나 베이킹소다는 사용하지 말아야 한다.

꼼꼼하게 물, 세제, 뜨거운 바람이 골고루 닿는 세척기 내부. 음식 찌꺼기나 기름기가 보이지 않는 곳까지 퍼져서 딱딱하게 굳어 있을 수 있다.

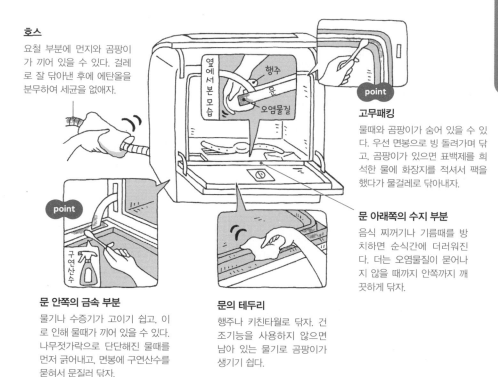

호스

요철 부분에 먼지와 곰팡이가 끼어 있을 수 있다. 걸레로 잘 닦아낸 후에 에탄올을 분무하여 세균을 없애자.

고무패킹

물때와 곰팡이가 숨어 있을 수 있다. 우선 면봉으로 빙 돌려가며 닦고, 곰팡이가 있으면 표백제를 희석한 물에 화장지를 적셔서 팩을 했다가 물걸레로 닦아내자.

문 아래쪽의 수지 부분

음식 찌꺼기나 기름때를 방치하면 순식간에 더러워진다. 더는 오염물질이 묻어나지 않을 때까지 안쪽까지 깨끗하게 닦자.

문 안쪽의 금속 부분

물기나 수증기가 고이기 쉽고, 이로 인해 물때가 끼어 있을 수 있다. 나무젓가락으로 단단해진 물때를 먼저 긁어내고, 면봉에 구연산수를 묻혀서 문질러 닦자.

문의 테두리

행주나 키친타월로 닦자. 건조기능을 사용하지 않으면 남아 있는 물기로 곰팡이가 생기기 쉽다.

식기세척기, 이렇게 하면 안 돼요!

식기세척기도 가전제품이다. 꼼꼼하게 청소하고 싶어도 올바른 취급방법을 잊어서는 안 된다.

뜨거운 물을 바로 붓는다

뜨거운 물을 바로 부으면 고장의 원인이 된다. 기계를 고온이나 온수에 맞춰놓으면 연결된 급수관을 통해 자동으로 물의 온도가 맞춰진다.

고무패킹을 잡아당긴다

고무패킹을 깨끗이 닦겠다고 손으로 잡아당겨서는 안 된다. 고무패킹이 늘어나면 누수의 원인이 된다.

일반 세제나 베이킹소다 사용

반드시 전용 세제를 사용해야 한다. 일반 식기세척용 세제는 거품이 많이 일고, 베이킹소다는 깨끗이 헹구어지지 않아 제품을 손상시킬 우려가 있다.

더러워지기 전의 예방책

주방을
깨끗하게 유지하는 요령

환기팬은
3분 전에!

3분 전부터

담그기 전에
베이킹소다부터!

베이킹소다 가루를 솔솔

냉장고 안을
더럽히지 말자!

밀폐용기는 트레이에 담아서

키친타월을
깔아요.

환기팬을 켠다고 공기의 흐름이 바로 바뀌지는 않는다. 조리 중에 열기와 기름방울의 확산을 조금이라도 줄이고 싶다면 가열기구를 사용하기 3분 전에 환기팬을 켜두어야 한다.

사용 후에 물에 담갔다가 씻는 방법도 있지만, 베이킹소다 가루를 뿌리고 20분 정도 두었다가 씻는 방법도 있다. 베이킹소다 가루를 뿌리면 기름기가 흡착되면서 냄새도 제거되는 효과를 볼 수 있다.

액체가 흐르거나 가루가 떨어질까 봐 걱정이라면 청소하기 쉽게 미리 깔개를 깔아두자. 양념통 아래에는 키친타월을 깔고, 밀폐용기나 식재료는 트레이에 담아서 보관하면 편리하다. 요즘에는 냉장고 정리 트레이가 크기별로 많이 나와 있다.

대걸레는
냉장고 벽에

자석+클립을 이용해서

설거지용품은
싱크대 안쪽 벽에

흡착판이 달려 있는 제품으로

쓰레기봉투는
밑에 깔자

이중으로
걸어도
OK

예비
봉투

벽과 냉장고 사이에 좁은 틈이 있다면 자석이나 흡착판, 클립, S자 고리 등을 이용해 청소도구, 특히 대걸레나 걸레를 걸어둘 수 있다. 걸레가 손 닿는 곳에 늘 준비되어 있으면 필요할 때 바로바로 닦을 수 있어 편하다.

싱크대 안에 지저분한 물때가 끼게 하지 않으려면 싱크대 바닥에 물건이 놓여 있지 않아야 한다. 설거지에 필요한 스펀지나 솔 등을 바구니에 넣고, 이 바구니를 싱크대 안쪽 벽에 붙여서 사용해 보자.

쓰레기를 담고, 쓰레기봉투를 묶고, 새 봉투를 준비하는 과정이 한곳에서 이루어져야 편리하다. 걸어둔 새 봉투 밑에 예비 봉투를 넣어두면 따로 봉투를 가지러가는 수고를 덜 수 있다.

2

거실·식당

가족이 모여서 밥을 먹고 여유로운 시간을 보내며 휴식을 취하는 공간. 꼭 누군가를 위해서가 아니라, 나 자신을 위해 움직이면 청소도 즐거운 일과가 될 수 있다.

날마다

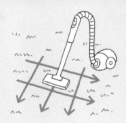

가끔

거실과 식당 청소가 쉬워지는 요령은 74쪽을 참고하세요!

식탁과 의자는 오염물질들의 작은 우주

식당
가구

내 세상이다~. ☆

사용하는 세제

베이킹소다

구연산

에탄올

바로바로

평소에는 식사 후에 행주로
잘 닦기만 해도 충분하다. 자
주 더러워지는 곳인 만큼 닦
기를 소홀히 하면 가구까지
망가지게 되므로 주의하자.

식탁에서 밥만 먹지는 않는다. 책을 읽고, 아이의 숙제를 봐주고, 무언가를 끄
적이고……. 그럴 때마다 식탁에는 음식물, 그릇의 물 자국, 볼펜이나 색연필의
흔적, 손때 등이 남는다.

기본적으로는 젖은 행주로 닦기만 해도 충분하다. 많이 더러워졌을 때는 베이
킹소다수를 분무하고 닦아보자. 매직이나 크레용이 묻어도 베이킹소다와 에탄올
로 바로 닦으면 금방 없앨 수 있다. 의자의 등받이나 식탁 다리 안쪽도 주 1회 정
도 깨끗이 닦아내는 편이 좋다.

꼼꼼하게 식당 가구는 손때나 음식물로 늘 더러워진다.
깔끔한 곳에서 기분 좋게 식사하고 싶다면 가끔은 꼼꼼하게 닦아보자.

식탁

point 칠하지 않은 원목 식탁에는 베이킹소다를 쓸 수 없어요. 따뜻한 물에 적셔서 물기를 꼭 짠 행주로 닦아야 해요.

베이킹소다수 분무하기

1 손때에는 베이킹소다수

평소에는 젖은 행주로 닦기만 해도 충분하지만, 가끔은 행주에 베이킹소다수를 분무해서 닦아보자. 식탁 윗면, 테두리, 다리, 상판의 밑면까지 구석구석 닦으면 닦지 않았을 때와의 차이를 확연히 느낄 수 있다.

베이킹소다

반죽 에탄올

크레용 유성펜

2 아이들의 낙서도 바로 지우면 OK!

유성 펜이나 크레용도 묻었을 때 바로 닦으면 깨끗이 지워진다. 유성 펜은 에탄올을 묻힌 천으로, 크레용은 베이킹소다 반죽을 묻힌 청소용 칫솔로 문질러 닦자.

의자

1 오염물질이 끼면 흔들린다?!

머리카락이나 먼지, 음식 찌꺼기 등은 먼지 제거용 테이프나 청소기로 제거하자. 만약 이것으로도 떨어지지 않는 오염이 있다면 걸레로 문질러 닦아내자.

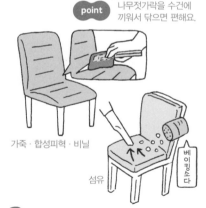

point 나무젓가락을 수건에 끼워서 닦으면 편해요.

가죽·합성피혁·비닐

섬유

베이킹소다

2 의자의 좌면도 빼놓지 말자

섬유(패브릭) 의자가 피지에 오염되었다면 베이킹소다 가루를 뿌리고 1시간 정도 두었다가 청소기로 빨아들이자. 가죽 의자는 물기를 꼭 짠 걸레나 전용 클리너로 닦아야 한다. 틈새에 낀 오염은 집먼지진드기의 온상이 될 수 있으니 꼼꼼하게 닦아내자.

바닥

가까이에서 볼수록 무언가가 있다

아이 푹신해~.

사용하는 세제

베이킹소다

구연산

과탄산소다

바로바로

어떤 바닥재든 기본적으로는 청소기를 돌려야 한다. 얼룩이 지기 쉬운 원목을 닦을 때는 꼼꼼히 청소한 후에 마른걸레로 물기를 제거해야 한다.

먼지, 머리카락, 음식물 부스러기, 옷에서 떨어진 섬유 등 거실 바닥은 상상 이상으로 빠르게 더러워진다. 오랜만에 청소기를 돌리면 드르르륵, 차라라 하고 무언가가 빨려 들어가는 소리에 놀라게 될 것이다.

청소기는 되도록이면 매일 돌리자. 가장 바람직한 청소 시간은 이른 아침. 공기 중에 떠다니던 먼지는 밤사이에 천천히 바닥으로 내려앉는다. 사람이 움직여서 먼지가 다시 날리기 전에, 자고 일어나면 청소기부터 돌리자. 로봇청소기가 있다면 시작 시간을 이때쯤으로 설정해두는 것이 좋다.

푹신푹신해서 기분이 좋은 카펫에는 먼지가 많이 쌓인다. 테이프만으로는 잘 떨어지지 않으니 청소기의 세기를 조절하여 깨끗이 빨아들이자.

카펫

point
섬유를 일으킨다는 느낌으로 청소기를 밀어야 해요.

베이킹소다 3큰술

물기를 짠다

1분

미지근한 물 1L

1 청소기는 가로세로로

섬유를 일으킨다는 느낌으로 청소기를 밀어보자. 이때 가로세로의 열십자(+) 방향으로 미는 것이 요령이다. 흡입력의 세기를 '중'이나 '약'으로 맞추고 천천히 밀어야 섬유 속에 박힌 먼지를 빼낼 수 있다.

2 피지 오염에는 베이킹소다

미지근한 물 1L에 베이킹소다 3큰술을 녹이고, 수건을 이 물에 적셨다가 꼭 짜서 전자레인지에 1분을 돌리자. 이 수건으로 섬유를 세우듯이 힘주어 닦으면 피지로 인한 오염이 떨어져나간다. 화창한 날을 골라 월 1회 정도 해주면 충분하다.

카펫에 발생한 난감한 상황, 이렇게 하자!

엎지르고 쏟아지고 엉겨붙고……. 카펫이 더러워졌을 때는 이렇게 해보자.

기본 | 물

+α 식기세척용 세제

머리카락이나 동물의 털

표면에 살짝 돌기가 있는 고무장갑을 끼고 문질러보자. 머리카락이나 동물의 털, 음식물 부스러기 등이 서로 엉키면서 뭉쳐지기 때문에 떼어내기 쉽다.

와인이나 간장(엎지른 후 바로)

마른걸레로 두드려 제거하자. 그래도 남은 오염은 식기세척용 세제를 묻혀서 톡톡 두드리자. 힘주어 문지르거나 빙글빙글 돌려 닦으면 오염이 번질 수 있으니 주의해야 한다.

애완동물의 배설물

마른걸레로 톡톡 두드려 제거하고 햇빛이나 바람에 말리자. 남아 있는 냄새는 구연산수를 분무하면 완화된다.

꼼꼼하게 평소에는 청소기를 돌리고 대걸레로 닦기만 해도 충분하다.
시간을 내서 꼼꼼하게 청소한 날에는 스스로 잘했다고 칭찬해주자!

바닥

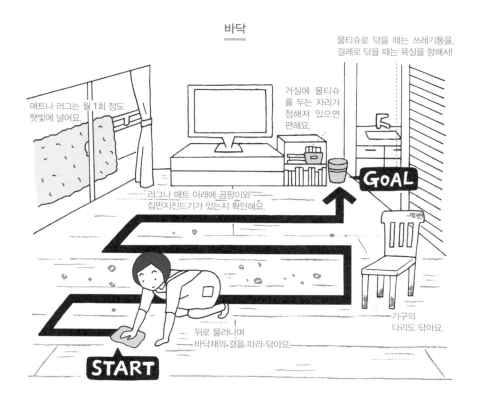

물티슈로 닦을 때는 쓰레기통을,
걸레로 닦을 때는 욕실을 향해서!

거실에 물티슈
를 두는 자리가
정해져 있으면
편해요.

매트나 러그는 월 1회 정도
햇빛에 널어요.

러그나 매트 아래에 곰팡이와
집먼지진드기가 있는지 확인해요.

뒤로 물러나며
바닥재의 결을 따라 닦아요.

가구의
다리도 닦아요.

바닥을 꼼꼼하게 청소하고 싶을 때는 손으로 걸레질을 하는 방법이 제일 좋다. 아무래도 청소기나 대걸레만으로는 좁은 틈새나 바닥재의 홈에 낀 오염을 완전히 제거하기가 어렵기 때문이다. 우리가 집 안에서 생활할 때 바닥은 우리의 시야에서 매우 넓은 면적을 차지한다. 이러한 바닥을 꼼꼼하게 청소하면 청소 후의 만족감도 크고, 보기에도 말끔해서 상쾌한 기분이 든다. 마룻바닥의 광택을 유지하고 싶다면 청소 후에 왁스 칠을 해주자. 빈도는 연 1~2회가 적당하고, 허리를 굽히지 않고 대걸레로 문질러도 되는 제품을 사용하면 편리하다.

사용하는 세제

베이킹소다

구연산

과탄산소다

바닥에 왁스를 칠하는 요령

마치 바닥을 새로 깐 것처럼 반짝반짝 윤이 나게 해주는 왁스 칠.
먼저 오염을 제거하고, 왁스를 얇게 발라 잘 문지른 후에 완전히 말리자!

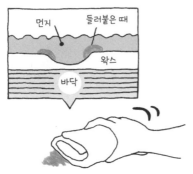

point 새 걸레는 섬유가 빠져나올 수 있으니 주의하세요.

point 먼지가 떨어져 섞이지 않도록 창문은 닫아요.

1 묵은 때를 확실하게 제거하자

표면에 흠이 생기지 않도록 주의하며 바닥의 찌든 때를 말끔히 제거한 후에 왁스를 칠해야 한다. 새 걸레는 한 번 세탁한 후에 사용하자. 그대로 사용하면 섬유가 빠져나와 왁스에 섞이면서 지저분해진다.

2 출구 쪽으로 뒷걸음질을 치면서

흔히 저지르는 실수가 닦는 순서다. 제일 안쪽에서 문 쪽으로 뒷걸음질을 치며 왁스를 칠하고, 다 끝나면 문 밖으로 나가 완전히 건조시키자. 왁스는 항상 몸의 뒤쪽에 두어야 한다.

걸레질 요령

청소에 빼놓을 수 없는 걸레질. 약간의 요령과 아이디어로 더욱 편하게!

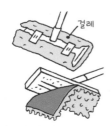

대걸레를 활용하자

선 채로 닦는 것이 편한 사람은 대걸레를 사용하자. 베이킹소다수나 구연산수를 분무해서 닦을 때는 얇은 시트보다 두툼한 시트가 좋다.

버리는 옷은 걸레로

어차피 버릴 옷이라면 잘라서 걸레로 만들자. 사용하고 더러워지면 바로 버릴 수 있어 편하다. 여러 개 만들어서 보관해두면 걸레질이 편해진다.

걸레는 손에 들어오는 크기로

한 손에 잡히는 크기로 접어서 사용하면 힘이 덜 든다. A4 용지 크기를 세 겹으로 접었을 때의 너비가 가장 좋다.

아이가 있는 집에서 많이 사용하는 조립식 매트.
바닥재를 보호할 수 있어 편리하지만 매트 밑의 오염은 어떻게 해야 할까?

조립식 매트

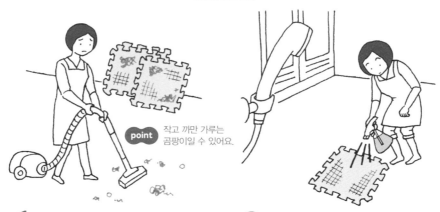

point 작고 까만 가루는
곰팡이일 수 있어요.

1 매트 밑은 오염지대?!

우선은 매트를 걷어내고, 청소기를 돌려 먼지나 음식물 부스러기, 머리카락 등을 제거한 후에 걸레질을 하자. 하얀 가루는 집먼지진드기의 사체! 검은 곰팡이가 있다면 베이킹소다수를 분무하여 세균을 없애자.

2 욕실에서 물로 깨끗이

손때나 곰팡이 등의 오염은 욕실에서 물로 깨끗이 씻어내자. 베이킹소다수를 분무해서 스펀지 등으로 문질러 닦으면 된다. 거친 수세미로 닦으면 매트 표면에 흠집이 생기고 그 흠집에 다시 오염물질이 끼므로 피해야 한다. 깨끗이 씻은 후에는 완전히 말리자.

조립식 매트를 더욱 편하게 청소하는 요령

한 번 깔면 자주 청소하기가 어려운 조립식 매트. 청소가 쉬워지는 방법을 알아보자.

양생 테이프를 붙이자

이음매의 아랫면에 붙여두면 오염물질이 바닥에 떨어지는 것을 막을 수 있다. 단, 오래 방치하지 말고 자주 교체해야 한다.

무거운 물건은 올리지 말자

피아노처럼 무거운 물건을 올리면 쉽게 분리할 수 없어 청소를 미루게 된다. 청소를 미룰수록 오염은 심해지는 법. 매트를 깔 때는 무거운 물건을 피해서 깔자.

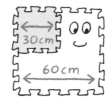

30cm
60cm

되도록 조각이 큰 매트로

한 조각의 크기가 크면 클수록 이음매가 줄어서 오염물질도 덜 떨어진다. 되도록 한 조각의 길이가 60㎝ 이상인 매트를 고르자.

구석구석 세심하게! 거실에서는 베이킹소다로 싹싹

거실과 식당에서는 베이킹소다의 활용도가 높다.
가루로 뿌리거나 베이킹소다수를 묻혀서 닦으면 이곳저곳이 깔끔해진다.

손때가 끼는 스위치커버

손때가 끼기 쉬운 스위치커버. 면장갑에 베이킹소다수를 분무하여 손가락으로 구석구석 문지르면 깨끗해진다.

문손잡이도 장갑 낀 손으로 싹싹

면장갑에 베이킹소다수를 분무하여 구석구석 닦자. 맨손으로 다시 잡아보면 청소하기 전과의 차이를 느낄 수 있다.

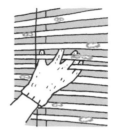

손으로 스윽 닦으면 블라인드 청소도 간단

먼지만 있을 때는 다용도 손잡이 걸레나 먼지떨이만으로 충분하다. 하지만 담뱃진이나 진득한 묵은 때가 있을 때는 면장갑에 베이킹소다수를 분무하여 손으로 닦아내자.

베이킹소다수

서랍 속은 물기를 꼭 짠 걸레로

걸레를 베이킹소다수에 담갔다가 물기를 꼭 짜서 닦자. 오염 제거는 물론이고 탈취와 방충 효과도 있다. 계절별로 옷을 바꿔 넣을 때는 잊지 말고 베이킹소다수로 닦아내자.

봉제인형은 봉지에 넣고 베이킹소다와 흔들흔들

손때와 피지로 더러워지기 쉬운 봉제인형. 비닐봉지에 인형을 넣고 베이킹소다를 뿌려서 잘 흔들자. 잠시 그대로 두었다가 집 밖에서 깨끗이 털어내면 된다.

베이킹소다를 사용하면 안 되는 곳!

· 텔레비전이나 PC의 화면
· 대나무 돗자리
· 천연 원목
· 알루미늄 제품

TIP!

거실 청소에는 왜 베이킹소다를 써야 할까?

거실은 가족이 모이는 공간이다. 다 같이 모여서 휴식을 취하는 곳이다 보니 땀이나 피지 등에 쉽게 오염될 수밖에 없다. 우리 몸에서 분비되는 피지에는 기름기가 섞여 있다. 이 기름때를 제거하는 데 효과적인 것이 바로 베이킹소다다. 주방의 기름때는 물론이고 거실 청소에도 베이킹소다를 적극 활용하자.

벽에 낀 때는 그 집의 역사?

언제 이런 자국이 생겼지?

사용하는 세제

베이킹소다

구연산

과탄산소다

바로바로

다용도 손잡이걸레나 먼지 떨이로 자주 먼지를 떨어내자. 먼지는 가구 뒤쪽이나 천장과 벽 사이에 쌓이기 쉽다. 식탁 주변도 쉽게 더러워지므로 걸레질을 자주 해야 한다.

주방만큼은 아니지만 천장과 벽에도 손때와 그을음이 낀다. 특히 창문 주변은 외부에서 먼지도 들어오고 결로 현상으로 곰팡이도 피는 등 시간이 갈수록 더러워지기만 한다.

벽을 청소할 때는 물이나 세제를 사용할 수 있는지 소재부터 파악하자. 또한 전체적으로 더러워진 상태에서 일부만 청소하면 오히려 대비효과로 더 지저분해보일 수 있으니 이럴 때는 벽지 교체를 고려해보는 것도 좋다. 교체 범위에 따라 다르겠지만 전문가에게 맡기면 대략 한나절 정도면 충분하다.

꼼꼼하게 청소하기 어려운 소재라고 포기하지는 말자.
적절한 방법만 알면 대부분의 오염은 해결할 수 있다.

벽지

따뜻한 물로 세제 효과를 높이자

찬물보다 따뜻한 물이 효과적이다. 따뜻한 걸레에
식기세척용 세제를 묻혀서 닦으면 된다. 광범위하
게 오염된 실크 벽지는 걸레를 한 방향으로 곧게
움직여서 닦고, 직물 벽지는 두드려서 오염물질을
제거하자.

회반죽

사포로 가볍게 긁어내자

공기 중의 수분을 흡수하여 실내의 습도를 자연
적으로 조절해주는 회반죽. 하지만 물기가 닿으면
얼룩이 진다는 단점이 있다. 오염된 곳이 있으면
사포로 살살 문질러서 긁어내자.

한지 · 합지

마른걸레질 & 지우개질

기본적으로는 마른걸레로 닦아야 한다. 손때나 부
분적인 오염은 지우개로 지워 없앨 수 있지만 세
게 문지르면 벽지가 찢어질 수 있으니 주의하자.
물기는 얼룩을 남길 수 있으므로 물로 오염을 지
웠다면 반드시 마른걸레로 수분을 제거해야 한다.

황토

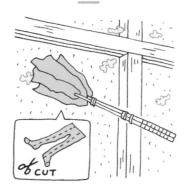

먼지는 먼지떨이로 떨어내자

낡은 스타킹을 세로로 잘라서 나무젓가락에 끼우
고 고무줄로 고정하면 먼지떨이 대용품을 만들 수
있다. 다용도 손잡이걸레는 벽에 달라붙어 좋지
않다.

벌레도 잘 잡는 천장등은
가끔 열어서 깨끗하게

조명
기구

사용하는 세제

베이킹소다

구연산

과탄산소다

잡혔어요?

바로바로

외관의 먼지는 자주 닦아내
자. 가끔 하는 꼼꼼한 청소
도 익숙해지면 10분 이내로
끝낼 수 있다.

전등 안으로 날아 들어가 비참하게 최후를 맞이한 벌레들……. 그리고 형광등에서 나오는 그을음, 곰팡이, 외부에서 들어간 담배연기 등으로 전등도 자세히 살펴보면 꽤 더럽다. 1년 동안 청소하지 않으면 조명의 밝기가 약 20% 어두워진다는 이야기도 있다. 시간을 단축하고 싶다면 물로 씻기 전에 청소기로 먼지와 벌레부터 빨아들이자. 물에 바로 씻으면 편할 것 같지만, 오염이 심각한 상태에서 물이 닿으면 오염물질이 한데 엉겨 오히려 제거하기가 어려워진다. 전등갓은 반드시 전원을 끈 상태에서 벗겨내야 안전하다.

방법만 알면 어렵지 않다.
더욱 밝아진 집 안을 보면 청소하길 잘했다는 만족감이 들 것이다.

천장등(아크릴)

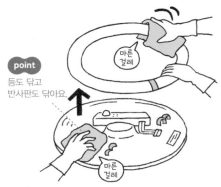

point
등도 닦고
반사판도 닦아요.

1 반사판만 닦아도 밝기가 달라진다!

반드시 전원을 끈 상태에서 고무장갑을 끼고 닦자. 등을 반사판에서 떼어내고 구석구석 닦되, 물걸레질은 피한다. 먼지와 그을음만 없애도 밝기가 달라진다. LED도 마른걸레로 닦아야 한다.

point
청소기로 덮개 안쪽의
먼지부터 빨아들여요.

2 덮개는 물로 씻어도 된다

죽은 벌레나 먼지가 많을 때는 청소기로 빨아들인 후에 욕실에서 물로 씻자. 오염이 심하지 않을 때는 물로만 씻어도 충분하다. 곰팡이가 생기지 않도록 완전히 건조한 후에 끼워야 한다.

조명기구의 갓(유리·금속)

point
불투명 유리는
고무장갑을 끼고
만져야 지문이
찍히지 않아요.

마른
걸레

젖은
걸레

녹과 지문에 주의한다

금속은 녹이 슬지 않도록 마른걸레로 닦아야 한다. 유리는 물에 적신 부드러운 천이나 스펀지로 닦은 후 마른걸레로 물기를 제거하자. 불투명 유리는 지문이 찍힐 수 있으니 고무장갑을 끼고 닦는 것이 좋다.

조명기구의 갓(종이·대나무 등)

베이킹소다

베이킹소다로 오염물질 흡착하기

가벼운 먼지는 다용도 먼지떨이로 떨어내자. 그을음과 먼지가 들러붙어 있을 때는 베이킹소다를 뿌리고 잠시 두었다가 닦아내면 된다.

에어컨

시원한 바람과 함께 오염물질도 내뿜는다

입김 공격!

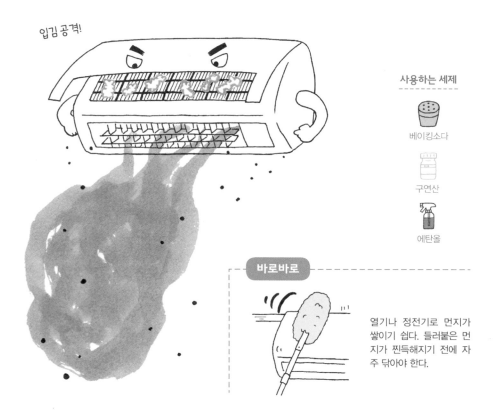

사용하는 세제

베이킹소다

구연산

에탄올

바로바로

열기나 정전기로 먼지가 쌓이기 쉽다. 들러붙은 먼지가 찐득해지기 전에 자주 닦아야 한다.

에어컨은 집 안의 공기를 빨아들인 후에 이를 냉기로 바꾸어 토해낸다. 빨려 들어간 공기에는 먼지나 담배연기는 물론 주방이 가깝다면 기름기가 섞인 수증기까지 다양한 오염물질이 섞여 있다. 만약 에어컨 바람에서 냄새가 난다면 이러한 오염물질로 곰팡이가 피었을 가능성이 있다.

밖에서는 보이지 않아도 에어컨을 사용하지 않는 동안에 내부에서는 잡균이 번식한다. 본격적으로 에어컨을 가동할 시기가 오면 사용 전에 점검하여 깨끗하게 청소해놓자. 좀 더 확실하게 청소하고 싶다면 전문가에게 맡기는 방법도 있다.

꼼꼼하게 담배연기나 기름기에는 베이킹소다, 살균에는 에탄올. 청소 간격은 월 1회가 적당하다.

필터

1 청소기로 먼지를 빨아들이자

필터를 벗겨내서 청소기로 먼지를 빨아들이자. 솔 형태의 노즐로 갈아 끼우면 그물망 사이에 낀 먼지까지 쉽게 빨아들일 수 있다. 밑에 신문지를 깔면 바닥이 더러워지지 않는다.

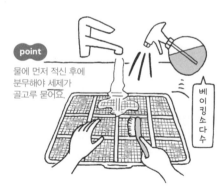

point
물에 먼저 적신 후에 분무해야 세제가 골고루 묻어요.

베이킹소다수

2 베이킹소다수를 분무하고 닦자

물에 적신 필터에 베이킹소다수를 골고루 뿌리고 청소용 칫솔 등으로 문질러가며 닦아내자. 잘 헹구고 완전히 말린 후에 끼워야 곰팡이를 예방할 수 있다.

송풍구

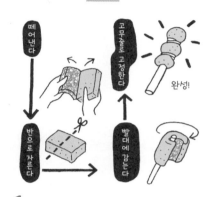

떼어낸다

고무줄로 고정한다

완성!

반으로 자른다

빨대에 감는다

1 스펀지 청소막대 만들기

스펀지의 거친 면을 떼어내고 반으로 자르자. 거친 면이 안쪽에 오도록 나무젓가락이나 빨대에 감고 고무줄로 고정하면 '스펀지 청소막대'가 완성된다. 이 막대로 송풍구 안쪽을 닦으면 편리하다.

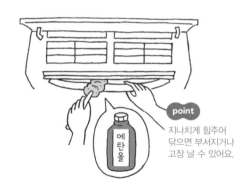

point
지나치게 힘주어 닦으면 부서지거나 고장 날 수 있어요.

에탄올

2 에탄올로 곰팡이 예방

1의 스펀지에 에탄올을 묻혀서 송풍구의 먼지를 닦으면 냄새의 원인인 곰팡이를 예방할 수 있다. 송풍 조절 루버의 각도를 바꿔가며 안쪽까지 깨끗하게 닦자.

피지, 땀, 음식물 부스러기를 남기고 떠난다고?

사용하는 세제

베이킹소다

구연산

과탄산소다

바로바로

먼지, 머리카락, 음식물, 피부의 각질 등은 집먼지진드기의 먹잇감이다. 테이프 등으로 이러한 것들을 자주 떼어내는 습관을 들이자.

굵적
굵적

편안하게 휴식을 취할 수 있는 안락한 소파. 소파에 기대어 앉으면 비록 잠깐일지라도 피로가 가시는 듯한 느낌이 든다. 하지만 소파를 살펴보자. 어느 한 곳만 색이 변했거나 얼룩이 남아 있지는 않은가?

천이나 가죽은 물과 기름을 모두 흡수한다. 그래서 피부가 많이 닿은 곳일수록 피지와 땀이 계속 스며들고, 이러한 오염은 시간이 갈수록 제거하기가 어려워진다. 만약 커버를 벗길 수 있다면 정기적으로 세탁하고, 그럴 수 없다면 베이킹소다나 전용 클리너로 더 늦기 전에 관리를 해주자.

꼼꼼하게 평소에는 잘 느끼지 못하지만 날마다 계속 더러워지는 것이 소파다. 빨아들일 수 있는 오염은 청소기로 제거하고, 세제를 사용할 때는 소재부터 확인하자.

합성피혁

point 음식물 등은 집먼지진드기의 먹잇감이 돼요.

젖은 걸레

아주 조금이라면 세제 사용도 OK

걸레에 가정용 다목적 세제를 살짝 묻혀 닦아보자. 튼튼한 소재지만 물에 젖으면 냄새가 날 수 있으니 주의해야 한다. 틈에 낀 먼지는 청소기로 빨아들이자.

섬유(패브릭)

point 뿌리고 바로 빨아들이면 효과가 없어요.

베이킹소다
2~3시간 후에

베이킹소다를 뿌려서 깔끔하게

소파 전체에 베이킹소다를 뿌리고 가볍게 두드려서 골고루 퍼뜨리자. 2~3시간 동안 피지에 의한 오염을 흡수하도록 놔두었다가 청소기로 빨아들이면 된다. 틈에 들어간 베이킹소다도 노즐을 바꾸어가며 꼼꼼하게 제거하자.

천연가죽

○ 클리너
× 우유 / 핸드크림 / 멜라민 스펀지 / 화학 걸레
마른 걸레

천연가죽은 클리너로만

평소에는 마른걸레로 닦고, 때를 벗기거나 광택을 낼 때는 반드시 전용 클리너를 사용하자. 우유, 핸드크림, 멜라민스펀지, 화학 걸레(물 없이 바로 닦을 수 있게 가공된 청소용 물티슈) 등은 변색의 원인이 된다.

커튼

빨 수 있다   빨 수 없다

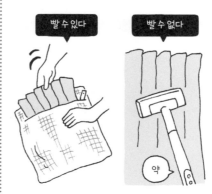

약

빨 수 없는 커튼은 청소기로

빨 수 있는 커튼은 잘 접어서 망에 넣고 세탁하자. 빨 수 없는 커튼은 청소기의 흡입력을 '약'에 놓고 천천히 먼지를 빨아들이면 된다. 커튼 봉은 물걸레질을 한다.

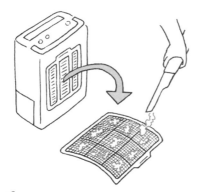

**계절
가전**

꼼꼼하게 특정한 계절에만 사용하는 계절 가전. 사용 후에는 물론이고, 사용 전에도 보관하면서 오염되지는 않았는지 꼭 확인해야 한다.

제습기

가습기

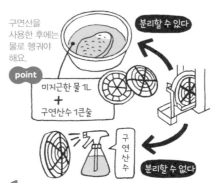

구연산을
사용한 후에는
물로 헹궈야
해요.

point 분리할 수 있다

미지근한 물 1L
+
구연산수 1큰술

분리할 수 없다

구
연
산
수

1 필터의 먼지를 떼어내자

제습기는 공기 중의 수분과 함께 먼지도 빨아들이므로 필터에는 먼지나 곰팡이 균이 가득하다. 청소기로 빨아들이고, 오염이 심한 경우에는 베이킹소다로 씻은 후에 완전히 말리자.

1 물때에는 구연산

하얗게 낀 물때는 구연산으로 없애자. 분리할 수 있는 부속품은 구연산수에 담그고, 분리할 수 없는 부속품은 구연산수를 분무하거나 팩을 한 후에 닦아내면 된다. 미세한 부분은 청소용 칫솔로 닦는 것이 편하다.

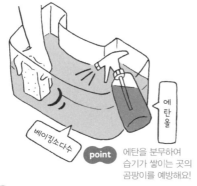

에
탄
올

베이킹소다수

point 에탄올을 분무하여
습기가 쌓이는 곳의
곰팡이를 예방해요!

과탄산
소다

구연산수

2 물받이를 씻고 곰팡이를 예방하자

물받이의 물은 자주 버려야 한다. 씻을 때는 베이킹소다수를 스펀지에 묻혀서 문질러 닦고, 완전히 말린 후에 끼우자. 에탄올을 분무하면 곰팡이 발생을 막을 수 있다.

2 곰팡이 냄새에는 과탄산소다

물때가 있으면 구연산수에 담갔다가 씻자. 수증기에서 냄새가 나면 곰팡이가 있을 수 있으니 과탄산소다수에 담가서 소독하고, 물로 잘 헹궈서 완전히 말리자.

선풍기

마른
걸레

마른
걸레

분리되는 부품은 물로 씻자

날개나 덮개 등 분리되는 부품은 물로 씻어
도 된다. 크기가 크므로 욕실에서 씻으면 편
하다. 단, 모터나 코드 등 전기가 통하는 곳
에는 수분이 닿지 않아야 한다. 조립은 물기
가 완전히 마른 후에 한다.

전기스토브

마른
걸레

point 열선에는
수분이 닿지 않게!

젖은
걸레

열선은 마른걸레로만!

물기를 꼭 짠 걸레로 덮개나 반사판을 닦자.
열선은 수분이 닿으면 금이 갈 수 있으니
반드시 마른걸레로 닦아야 한다.

부품을 분리할 수 없을 때는…

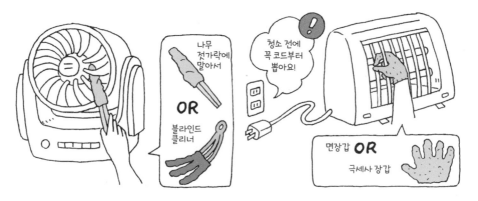

나무
젓가락에
말아서

OR

블라인드
클리너

청소 전에
꼭 코드부터
뽑아요!

면장갑 OR

극세사 장갑

다양한 청소도구를 활용해보자. 나무젓가락에 걸레나 키친타월을 말아서 청소막대를
만들거나 블라인드 클리너를 사용해도 좋다. 손가락이 들어가는 곳은 면장갑이나 극세
사 장갑을 끼고 닦는 것이 편하다.

꼼꼼하게 매일 사용하는 가전제품은 더러워졌다고 느낄 때마다
주변에서 쉽게 구할 수 있는 도구로 바로 닦아주어야 한다.

TV · PC

1 화면에는 물이나 세제를 사용하지 않는다

물걸레질은 자국이 남기 쉽고 수분으로 인
해 고장 날 위험이 있다. 힘을 빼고 부드럽
게 마른걸레로 닦자. 그래도 떨어지지 않는
오염은 젖은 극세사 수건을 꼭 짜서 부분적
으로 닦아내고 물기를 바로 말려야 한다. 참
고로 베이킹소다나 린스도 피해야 한다.

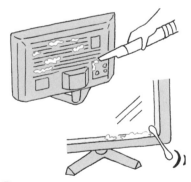

2 먼지 제거는 부드럽게

단자의 요철은 섬세한 부분이다. 청소기를
'약'에 맞춰놓고 틈새 노즐로 바꾸어 조심스
럽게 먼지를 빨아들이자. 모니터 홈에 낀 먼
지는 면봉으로 제거하고, 예리한 도구나 물
걸레질은 피한다.

전깃줄

린스 희석액으로 정전기 예방

소량의 린스를 탄 미지근한 물에 걸레를 적
셨다가 물기를 꼭 짠다. 이걸로 전깃줄을 닦
으면 먼지가 잘 달라붙지 않는다. 청소하면
서 전깃줄을 정리하는 방법도 점검하자. 접
어서 꽁꽁 묶는 것보다 매직테이프 등으로
느슨하게 감아두는 것이 좋다.

리모컨

point
버튼 옆의 틈새는
이쑤시개에 물티슈를
끼워서

지나친 수분은 좋지 않다

더러워지기 쉬운 버튼 주변은 이쑤시개에
작게 자른 물티슈를 끼워서 빙 돌려가며 닦
자. 표면에는 물걸레질을 해도 되지만 지나
친 수분은 고장을 일으킬 수 있다.

스피커

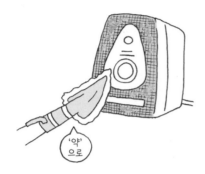

'약'
으로

솔이 달린 틈새 노즐이 편리

스피커 표면에 쌓인 먼지는 청소기에 솔 달린 틈새 노즐을 끼워 쉽게 처리할 수 있다. 흡입력을 약하게 해놓고서 살살 문지르듯이 움직이며 빨아들이자. 세기가 강하면 스피커 내부가 망가질 수 있으니 조심하자.

다리미

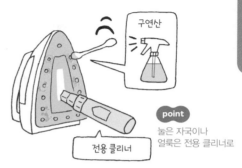

구연산

point
눋은 자국이나
얼룩은 전용 클리너로

전용 클리너

하얗게 낀 물때는 구연산으로

스팀 구멍에 쌓인 하얀 물때는 구연산수를 분무한 후에 면봉 등으로 닦아내자. 누렇게 눌어붙은 화학섬유나 접착제 등은 억지로 긁지 말고 전용 클리너로 지우는 것이 좋다.

걸레를 짜는 올바른 방법

걸레질은 청소의 기본. 한 번에 물기를 쭉 짤 수 있다면 청소가 그만큼 쉬워진다.

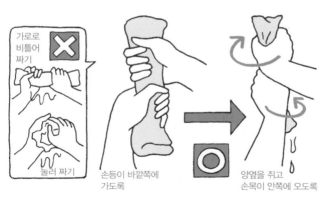

가로로
비틀어
짜기

눌러 짜기

손등이 바깥쪽에
가도록

양옆을 쥐고
손목이 안쪽에 오도록

더욱 꼭 짜고 싶을 때는

한 번
짠
걸레

마른
걸레

1. 오른손이 위, 왼손이 아래에 가도록 걸레의 양끝을 세로로 쥔다(오른손잡이의 경우).
   이때 손등이 바깥쪽을 향해야 한다.
2. 손목이 안쪽에 오도록 비틀어 짠다.

이왕이면!

거실과 식당을
청소하기 쉬운 상태로 바꾸자

카펫은 털이 짧은 것으로

털이 긴 카펫은 고급스러워 보이고 촉감이 좋아서 매력적이다. 하지만 털 안쪽에 낀 오염물질을 빼내기가 여간 어려운 것이 아니다. 이런 카펫을 사용한다면 먼지, 머리카락, 음식물, 집먼지진드기의 사체가 카펫 여기저기에 쌓일 수 있음을 각오해야 한다.

자주 쓰는 작은 청소도구는 문 옆에

파일 박스에 수납해요.

자주 사용하는 청소도구는 금방 손이 닿는 곳에 놓아두자. 가장 바람직한 자리는 문 옆. 집에 돌아와서 몸이 늘어지기 전에 바로 청소할 수 있어 편하다. 얇은 파일 박스에 넣어 보관하면 자리도 많이 차지하지 않고 보기에도 깔끔하다.

전깃줄은 모아서 박스 안에

뚜껑이 있으면 먼지도 쌓이지 않아요.

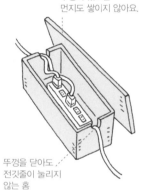

뚜껑을 닫아도 전깃줄이 눌리지 않는 홈

전깃줄은 청소기를 돌릴 때 방해가 되고, 먼지가 점점 쌓여서 최악의 경우에는 화재의 원인이 되기도 한다. 멀티탭을 이용해서 전깃줄을 정리하고, 그대로 박스에 넣어보자. 직접 만들어도 되고 시판되는 제품을 사용해도 좋다.

큰 화분은 바퀴 달린 받침대에

다리 달린 가구가 청소하기 편하다

장식 선반은 지붕이 있는 것으로

바퀴가 달려 있어 힘들지 않아요.

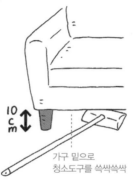

가구 밑으로 청소도구를 쓱싹쓱싹

지붕이 없으면 먼지가 잘 쌓여요.

큰 화분은 매우 무거워서 옮기기가 어렵다. 그렇다고 시든 잎이나 꽃잎, 떨어진 벌레, 바람에 날린 흙 등을 그냥 둘 수는 없다. 화분 주변을 쉽고 깨끗하게 관리하고 싶다면 바퀴 달린 받침대를 사용하자. 힘 들이지 않고 자유롭게 위치를 바꿀 수 있다.

다리가 있건 없건 가구 밑에는 각종 오염물질이 쌓인다. 그대로 방치하면 위생상 좋지 않으므로, 이왕이면 10cm 정도 높이의 다리가 달린 가구를 선택하자. 그 정도 공간이 띄워져 있으면 대걸레와 청소기의 머리를 쉽게 넣을 수 있다. 로봇청소기를 사용하려면 가구 다리와 청소기 높이를 맞춰야 한다.

장식 선반에 취미용품이나 장식품을 올려놓고 집 안을 꾸미는 것은 큰 즐거움 중의 하나다. 다만, 청소라는 관점에서 보면 완전히 개방되어 있는 선반보다 지붕이나 덮개가 있는 선반이 관리하기 편하다. 최근에는 박스형 선반도 많이 나와 있으니 참고하자.

3

침실·방

인생의 3분의 1을 우리는 잠자는 데 사용
한다. 그만큼 오래 머무는 침실과 같은 개
인공간은 가족의 건강을 위해서라도 항상
청결하고 쾌적하게 관리하자.

침실

1 침대

통째로 햇볕에 말릴 수는 없어도 매트리스에 습기가 쌓이지 않게 할 수는 있다. 효과적인 집먼지진드기 대책을 익혀 침대를 쾌적하게 관리하자.

2 침구

침구도 습기와 집먼지진드기를 조심해야 한다. 햇볕에 말리면 습기를 없애 뽀송뽀송한 감촉을 느낄 수 있다. 두드리기보다는 청소기를 돌리는 편이 낫다.

3 수납장

계절에 맞춰 옷을 바꿔 넣을 때가 청소의 적기. 간단한 요령만 알면 옷장 청소도 **30분** 이내로 끝낼 수 있다. 벽장은 곰팡이가 슬기 쉬우니 물걸레질 이후에는 완전히 말려야 한다.

집먼지진드기 대책과 서랍 청소는 129~130쪽을 참고하세요.

전통가옥식 방

1 천연 돗자리

까다로운 소재지만 평소에는 청소기만 돌려도 충분하다. 부분적인 오염을 제거하는 방법과 적절한 청소 방법을 익혀 청결하게 관리하자.

2 창호문

방치해두면 먼지가 쌓여 끈적이게 되므로 오염이 심해지기 전에 자주 먼지를 떨어내자. 창호지와 나무 창틀은 습기를 조심해야 한다.

전통 종이로 만든 조명기구 청소는 65쪽을 참고하세요.

학은 천년 살고 거북은 만년 산다지만…
침대는 다르다

허허,
버섯도 자랐구나.

사용하는 세제

베이킹소다

구연산

과탄산소다

바로바로

침대
습기를 제거하자. 매트리스를 세워두거나 아래에 책을 괴어 바람이 통하게 해주면 좋다.

침구
날씨가 좋은 날에 뒤집어가며 말리자. 햇볕을 받는 것보다 습기를 없애는 것이 더 중요하다.

사람은 겨울철에도 자는 동안에는 한 컵 정도의 수분을 흘린다고 한다. 침구는 매일 그 수분을 흡수하므로 주 1회 정도는 확실하게 말려 습기를 제거해야 한다.

날씨가 좋은 날에는 침구를 밖에 내다 널자. 이때 햇볕을 받는 것보다 습기를 날리는 것이 더 중요하다. 밖에 널 수 없을 때는 바람이 잘 통하는 실내에서 말려도 된다. 침대의 매트리스는 청소기로 관리하는 것이 편하다. 집먼지진드기는 50℃ 이상의 열을 30분 이상 가해 사멸시키고, 사체는 청소기로 빨아들이자. 통풍에도 신경 써야 곰팡이가 슬지 않는다.

꼼꼼하게 매트리스는 햇볕에 넣어 말릴 수 없지만 침구는 자주 세탁하는 편이 좋다. 통풍과 오염 방지 대책으로 습기와 집먼지진드기를 예방하자.

침대

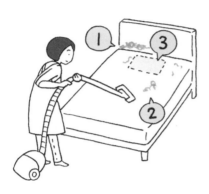

1시간 후

베이킹소다

point
베이킹소다가 골고루 묻게 가볍게 두드려요.

1 3~4분간 꼼꼼하게 청소기 돌리기

베개 주변, 매트리스, 프레임 틈새, 재봉선 등에는 비듬이나 머리카락, 각질 등이 쌓이기 쉽다. 3~4분간 구석구석 꼼꼼하게 청소기를 돌리자.

2 매트리스도 베이킹소다로 산뜻하게

빨 수도 없고 말릴 수도 없는 매트리스에는 베이킹소다를 사용하자. 가루를 골고루 뿌리고 1시간쯤 지나서 청소기를 돌리면 된다. 피부에서 비롯된 오염물질이 흡착되어 매트리스가 깔끔해진다. 뒷면도 같은 방법으로 청소하자.

가정에서 할 수 있는 집먼지진드기 대책

침구에는 각질뿐만 아니라 집먼지진드기의 사체도 쌓인다. 올바른 대책을 세워 깔끔하게 관리하자.

2·3일 **OR** 1주에 1회

시트는 필수! 교체는 부지런히

시트는 풀썩거리지 않게 네 귀퉁이를 모아 잡아서 옮겨야 집먼지진드기나 각질이 방 안으로 튕겨나가지 않는다.

이불 건조기로 퇴치

집먼지진드기는 50℃ 이상의 열에 몇 시간 정도 노출되면 죽는다. 이불 건조기를 사용할 때는 야행성인 진드기가 이불 표면으로 이동하도록 방의 불을 꺼두자.

매트리스 방향 바꾸기

머리 쪽과 다리 쪽, 윗면과 아랫면을 수시로 바꾸어 땀이나 각질이 쌓이기 쉬운 장소를 분산시키자. 방향을 자주 바꾸면 통풍에도 도움이 되고 매트리스의 수명도 늘어난다.

꼼꼼하게 이불을 너는 까닭은 햇볕을 쪼이기 위해서가 아니라 습기를 제거하기 위해서다. 집먼지진드기를 없애고 싶다면 두드리지 말고 청소기로 빨아들이자.

침구

point
노즐에 스타킹을 씌워요.

⭕ **청소기, 햇빛 건조 & 실내 건조**

먼저 청소기로 먼지나 집먼지진드기의 사체를 빨아들이자. 청소기 헤드에 스타킹을 씌우면 침구가 빨려 들어가지 않아 편리하다. 그런 다음에는 말려서 습기를 제거하자. 바람이 잘 통한다면 실내 건조도 OK.

△ ~ ✕ **밤에 말리기, 두드리기, 집에서 세탁하기**

어쨌든 가장 큰 문제는 습기다. 이불을 너는 것은 습기 제거가 목적이므로 저녁이 되어 습도가 올라가기 전에 걷어야 한다. 집에서 이불을 빠는 것도 같은 이유에서 피해야 한다. 또한 세게 두드리면 솜과 천이 상할 수 있으니 주의하자.

소재별 침구 관리법

소재가 다양한 침구. 관리 방법을 익혀서 오랫동안 건강하게 사용하자.

깃털

구멍이 나면 큰일. 반드시 커버를 씌워서 사용하자. 강한 햇빛에 오랫동안 말리면 모양이나 소재가 변할 수 있으니 그늘에서 건조하자.

양털

햇빛에 건조할 때는 1~2시간 정도가 적당하고, 통풍이 잘되는 그늘에서 말려도 된다. 월 1~2회는 습기를 빼주어야 벌레가 생기지 않는다.

목화

햇빛에 말려 습기를 제거하자. 표면의 먼지는 두드리지 말고 손으로 털어내야 한다. 바람이 잘 통하는 곳에 보관하고, 세탁하면 사용할 수 없게 되므로 주의하자.

이것이 최선이다! 오줌 대처법

어린 아이가 있는 집에서는 '이를 어쩌나?' 싶은 날이 찾아온다.
소재에 따라 다르지만, 기본적으로는 얼룩이 커지지 않게 두드려서 닦고 충분히 말리자.

1

얼룩이 커지지 않게
탁탁 두드리자

중성세제를 살짝 푼 물에 수건을 적셔서 꼭 짠 후 이불을 탁탁 두드려서 오줌을 흡수시키자. 문질러 닦으면 얼룩이 번질 수 있다. 뜨거운 물에 세탁하는 것도 좋지 않다. 오줌에 포함된 단백질이 굳어서 오히려 자국이 남는다.

2

최대의 적,
수분을 확실하게 제거하자!

마른수건으로 꾹 눌러가며 꼼꼼하게 수분을 제거하자. 수분은 잡균과 집먼지진드기를 번식시키는 최대의 적이다. 얇은 침구라면 밑에 수건을 깔고 위아래로 탁탁 두드리자.

3

확실하게 말려야
냄새가 남지 않는다

선풍기, 드라이기, 이불 건조기 등을 이용해서 완전히 말리자. 매트리스는 밑에 책을 괴어서 바람이 통하도록 해두면 좋다. 냄새나 얼룩이 남았다면 전문 세탁소에 의뢰해보자.

전통 가옥식 방

자연에서 태어난 소재지만 비에는 견디지 못한다

비는
싫어 싫어~.

사용하는 세제

베이킹소다

구연산

과탄산소다

바로바로

돗자리의 결을 따라 청소기를 돌리자. 틈새 사이사이로 먼지가 들어가기 쉬우므로 일반 바닥재보다 천천히 청소기를 밀어 충분히 빼내야 한다.

천연 돗자리(다다미, 왕골자리, 대자리 등), 칠하지 않은 원목, 미닫이 창호문 등 전통 가옥에는 천연소재가 많이 쓰인다. 이러한 천연소재는 공기 중의 습도를 조절해 준다는 장점이 있지만, 직접 닿는 수분에는 취약하다는 단점이 있다. 청소를 하더라도 물이나 세제, 가까운 거리에서 사용하는 드라이기의 열풍 등은 얼룩이나 갈라짐, 변색의 원인이 되므로 피해야 한다.

돗자리 청소는 빗자루로 쓰는 것이 제일이다. 천연소재로 만든 빗자루를 하나쯤 장만하면 이래저래 쓸 일이 많다. 청소기를 돌리고 싶다면 돗자리의 결을 따라 천천히 움직이자.

꼼꼼하게 수분이 닿으면 얼룩지거나 변색되기 쉬운 천연 돗자리. 적시지 않고 쓸거나 빨아들이는 것이 청소의 기본이다. 심한 오염에만 물을 사용해 제거하고 완전히 건조시키자.

천연 돗자리

point 방의 가장 안쪽에서 시작해요.

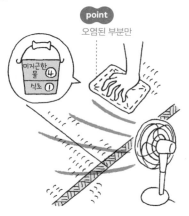

point 오염된 부분만

미지근한 물 ④ 식초 ①

1 비질은 돗자리의 결을 따라서
기본 청소법은 비질. 결을 따라서 빗자루로 쓸면 틈새 사이로 낀 먼지나 오염물질이 빠져나온다. 청소기를 돌릴 때는 힘을 빼고 가볍게 결을 따라 움직이자.

2 물걸레질은 특별한 경우에만!
손때, 피지 오염, 얼룩 등이 신경 쓰일 때는 5배로 희석한 식초 물에 걸레를 적셨다가 꼭 짠 후에 닦아내자. 선풍기 등을 틀어서 완전히 건조시켜야 한다.

돗자리 청소, 이렇게 하면 안 돼요!
천연 돗자리는 의외로 까다로운 바닥재. 습기와 결에 주의하자.

깔아놓은 이부자리
습기가 쌓이면 곰팡이와 집먼지진드기가 생긴다. 맑은 날에는 이부자리를 걷고 창문을 활짝 열어 바람이 통하도록 하자.

물기를 대충 짠 걸레
수분은 곰팡이와 냄새의 원인. 젖은 걸레는 물기를 꼭 짜서 오염된 곳에만 사용해야 한다. 닦을 때는 반드시 결을 따라 움직이자.

거침없는 로봇청소기
바닥 결에 상관없이 여기저기로 마구 움직이는 로봇청소기는 돗자리를 손상시킬 우려가 있다. 일단 흠집이 생기면 복구하기 어렵다.

꼼꼼하게 더러워졌다고 물걸레질을 하면 얼룩이 남고 더 심하게 손상될 수 있다. 수분은 피하고, 마른 청소도구를 사용하자.

창호문

point 넓은 면적으로 쓸어내리듯이

point 옆으로 누이면 닦기 쉬워요.

1 먼지를 부드럽게 떨어내자

창호지에 붙은 먼지는 습기를 빨아들여 얼룩과 곰팡이의 원인이 된다. 청소도구의 넓은 면적으로 위에서 아래로 부드럽게 쓸어내리며 먼지를 떨어내자.

2 문살에 쌓인 먼지도 떨어내자

문살에 쌓인 먼지도 상하좌우로 꼼꼼하게 떨어내자. 젖은 걸레로 닦으면 창호지가 젖을 수 있어 좋지 않다. 마른걸레나 솔을 사용하고, 창호를 떼어내 바닥에 누이면 좀 더 쉽게 닦을 수 있다.

창호지 붙이는 요령

요령만 알면 간단하다. 방수 종이, 다리미로 붙이는 종이 등 창호지의 종류도 다양하다.

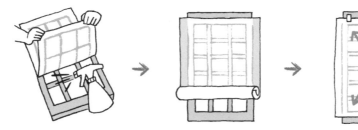

중심

1 충분히 적신다

우선 낡은 창호지를 깨끗이 떼어내자. 분무기로 충분히 적시면 잘 떨어진다. 떼어낸 자리는 물걸레질로 깨끗하게 닦자.

2 창호지는 조금 넉넉하게

좌우로 조금 여유를 두고 새 창호지를 재단하자. 딱 맞게 자르면 붙이는 과정에서 틀어질 경우 난감해진다.

3 안에서 밖으로 주름을 펴자

창호지를 붙일 때는 위에서 아래로 붙이고, 주름이 잡혔을 때는 안에서 밖으로 펴야 한다. 가장자리부터 당기면 창호지가 틀어진다.

창호문 관리는 이렇게!

시간이 지나면 때가 타기도 하고 조금씩 문제가 발생하기도 한다.
큰 문제가 아니라면 주변에서 쉽게 구할 수 있는 도구로 해결해보자.

point
가볍게
돌려가며
문질러요.

문틀에 낀 때와 얼룩에는
가벼운 사포질

칠하지 않은 원목에 물걸레질을 하면
얼룩이 남는다. 손잡이 주변 등이 손
때로 더럽다면 지우개로 지우거나 나
무토막 등에 감싼 사포로 가볍게 문질
러 때와 얼룩을 제거하자.

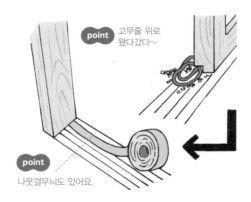

point 고무줄 위로
왔다갔다~

point
나뭇결무늬도 있어요.

문이 잘 열리지 않으면
고무줄이나 테이프로 해결

창호문이 잘 열리지 않으면 문지방에
먼지가 쌓여 있는지 확인하자. 고무
줄 몇 개를 대놓고 그 위로 문을 왔다
갔다 열고 닫으면 먼지가 서로 엉켜서
제거하기가 쉬워진다. 그래도 뻑뻑할
때는 문지방 보수 테이프를 붙이자.

창호지의 작은 구멍은
창호지 조각이나 보수 스티커로

창호지에 작은 구멍이 뚫렸다면 전용
보수 스티커나 창호지 조각을 붙이자.
단, 전체적으로 오염되었을 때는 창호
지를 새로 붙이는 것이 더 깔끔하다.

습기와 먼지가 옷과 함께 겨울잠을 자고 있다

사용하는 세제

베이킹소다

구연산

에탄올

바로바로

1 입었던 옷은 바로 넣지 않는다. 먼지를 떨어낸 후 하룻밤 밖에 걸어두고 습기를 제거해야 한다.

2 수납장도 환기가 필요하다. 미닫이문이라면 양옆을 10㎝씩만 열어두어도 효과가 좋다.

10 cm   10 cm

우리는 옷장을 매일 사용하지만 청소는 그다지 자주 하지 않는다. 하지만 이렇게 방치해두면 곰팡이와 먼지, 습기 등이 쌓여서 건강을 해치게 된다. 지금부터라도 불필요한 옷은 정리해서 내버리고 옷장 속을 깔끔하게 관리하자.

옷 위에 덮개를 씌우고 먼지를 떨어내거나 닦아내면 굳이 옷장 속의 옷을 다 꺼내지 않아도 쉽게 청소할 수 있다. 큰 쓰레기봉지나 나들이용 돗자리를 덮개로 사용하면 편리하다. 옷만 정리해도 시간이 한참 걸리는 만큼, 약간의 아이디어로 청소 시간을 줄여보자.

꼼꼼하게 내용물을 모두 꺼내는 것이 제일 좋지만, 정리정돈까지 더해지면 엄청난 집안일이 되고 만다. 우선은 옷장 속을 청결하게 하는 청소에만 집중하자.

1 다 꺼내지 말고 옷 위에 덮개를 씌우자

옷 위에 덮개를 씌우면 옷을 빼고 다시 넣는 수고를 줄일 수 있다. 소매까지 확실히 덮을 수 있는 큰 덮개를 준비하자.

4 문 안쪽 틈새에 낀 먼지도 제거하자

문 안쪽 틈새에도 정전기로 인해 먼지가 낄 수 있다.

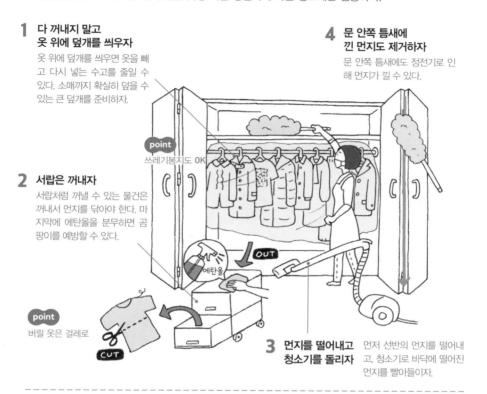

point 쓰레기봉지도 OK

2 서랍은 꺼내자

서랍처럼 꺼낼 수 있는 물건은 꺼내서 먼지를 닦아야 한다. 마지막에 에탄올을 분무하면 곰팡이를 예방할 수 있다.

point 버릴 옷은 걸레로

에탄올

OUT

CUT

3 먼지를 떨어내고 청소기를 돌리자 먼저 선반의 먼지를 떨어내고, 청소기로 바닥에 떨어진 먼지를 빨아들이자.

벽장을 청소하는 요령

일반 옷장보다 깊이가 깊은 벽장은 습기와 곰팡이에 취약하다.

내용물을 꺼내자

깊이가 깊을수록 습기가 많이 차는 법. 정기적으로 내용물을 꺼내서 내부 상태를 확인하자. 바퀴가 달린 수납함을 이용하면 편리하다.

물걸레질→잘 말리기

물건이 들어 있던 벽장 안에도 먼지는 쌓인다. 물기를 꼭 짠 걸레로 잘 닦아내고, 완전히 건조될 때까지 벽장을 열어두자.

발판으로 곰팡이 방지

발판 위에 물건을 놓으면 습기와 결로 현상으로 인한 피해를 막을 수 있다. 벽 옆에는 제습제를 놔두고, 많은 물건을 빽빽이 쌓아두지 않아야 한다.

4

물을 많이
쓰는 곳

욕실, 세면실, 화장실, 세탁실은 몸을 씻
고, 몸에서 나온 오염물질을 씻는 곳이니
더러워지고 어질러지는 것이 당연지사.
방법과 요령을 익히면 힘들이지 않고 청
결함을 유지할 수 있다.

날마다

1 욕실 090

욕조, 벽, 바닥을 스펀지로 닦자. 목욕하면서 배수구 청소
도 함께 끝내자.

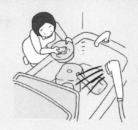

2 화장실 098

더러워졌음을 알아챈 사람이 바로 청소하자. 눈에 잘 띄는 곳에 청소도구를 두면 편하
다.

3 세면실 102

세면대와 거울에 붙은 물방울을 닦아내자. 거울과 수도꼭지
가 반짝반짝 윤이 나면 기분도 상쾌해진다.

거울 청소는
97쪽을 참고하세요.

가끔

4 세탁기 106

2~3개월에 1회. 세탁조의 곰팡이를 제거하자. 깨끗하게 청소하고 나면 찝찝함과 불안함
을 없앨 수 있다.

5 욕실과 화장실의 꼼꼼한 청소

욕실과 화장실에 곰팡이가 있다면 미루지 말고 없애자. 곰팡이가 없어도 월 1회 정도는
꼼꼼하게 청소해야 위생 상태를 안심할 수 있다.

6 곰팡이를 발견하면…

과탄산소다를 사용하자. 욕실 천장은 대걸레로 천천히 닦고, 타일의 줄눈 등은 팩을 발
라두었다가 제거하자.

과탄산소다 반죽을
만드는 방법은
15쪽을 참고하세요.

물을 많이 쓰는 곳의
설비 선택 요령은
110쪽을 참고하세요.

오염물질은 더러운 천장에서 떨어진다

사용하는 세제

베이킹소다

구연산

과탄산소다

뭐가
내리는 거지?

바로바로

1 욕조와 벽, 바닥을 문질러 닦
자. 욕실 전체를 둘러보며 곰
팡이가 피었는지 확인하자.

2 욕실을 잘 헹구었으면 물기를
제거하자. 욕실이 깨끗하다면
목욕 후의 수건을 이용해도
된다.

  욕실은 곰팡이, 더러운 점액질, 물때 등이 모두 존재하는 공간이다. 특히 곰팡
이가 생기기 쉬운 3대 조건, 즉 습도, 온도, 사람의 피지가 모두 모여 있어서 한
번 곰팡이가 생기면 순식간에 사방으로 퍼져나간다. 청소한 지 얼마 되지 않았는
데 금세 또 곰팡이가 피어올랐다면 바닥과 벽, 욕조만 청소하지는 않았는지 돌아
보자. 오염물질은 위에서 아래로 떨어진다. 곰팡이가 천장에 남아 있으면 바닥을
아무리 닦아도 소용이 없다. 과탄산소다를 사용해서 깔끔하게 곰팡이를 없애보
자. 물때는 구연산, 피지에 의한 오염은 베이킹소다로 제거한다.

꼼꼼하게 천장이나 환기팬에는 수증기와 결로 현상으로 먼지가 달라붙기 쉽다. 과탄산소다를 이용한 곰팡이 제거는 월 1회가 이상적이다.

천장 · 환기팬

point 뜨거운 물에 녹여야 효과가 좋아요.

1 대걸레+마른걸레로 물방울 제거

천장에 맺힌 물방울을 닦을 때는 대걸레가 편하다. 종이타월이나 부직포보다는 얇은 마른걸레나 극세사 걸레를 부착하여 물기를 닦아내자. 딱딱하게 들러붙은 오염에는 베이킹소다수를 사용하자.

2 곰팡이나 거무스름한 오염에는 과탄산소다를 사용한다

1의 방법으로 지워지지 않는 오염은 곰팡이일 가능성이 있다. 1의 걸레를 과탄산소다수에 적셨다가 물기를 꼭 짜서 다시 밀대에 끼워 천천히 천장을 닦아보자. 곰팡이는 특히 구석진 곳에 잘 생기므로 꼼꼼히 닦아야 한다.

- -

환기팬은 깨끗할까?

눈에 잘 띄지 않아서 놓치기 쉬운 환기팬. 청소할 때는 환기팬 속까지 확인하자!

많이 더럽다면 과탄산소다수에 담그거나 전문가에게

오염 상태가 심각하면 과탄산소다수에 담갔다가 닦아보자. 단, 환기팬을 분리하기 어렵다면 전문가에게 맡기는 편이 낫다.

덮개를 벗기고 먼지를 빨아들이자

덮개를 벗겼는데 먼지만 약간 쌓여 있다면 틈새 노즐을 낀 청소기로 빨아들이거나 물걸레질로 제거하자. 덮개를 분리하는 방법은 취급설명서를 따르고, 반드시 전원을 끈 상태에서 시작해야 한다!

빨아들이는 힘이 약해졌을 때는

화장지를 덮개 앞에 놓고 환풍기를 켜보자. 화장지가 붙어 있으면 정상, 떨어지면 흡입력이 약해졌다는 증거다. 이럴 때는 깨끗이 닦아보거나 설비를 점검해야 한다.

천장을 끝냈으면 벽과 바닥을 청소하자. 가벼운 오염에는 물청소만으로도 OK. 물기를 남기지 않는 것이 제일 중요하다.

벽

point
바닥에서 약 10㎝ 위까지가 오염지대

10㎝

1 바닥에서 10㎝를 기억하자!

물때나 미끈거림은 바닥에서 약 10㎝ 위로 올라간 곳에 가장 많이 끼어 있다. 욕실용 세제나 베이킹소다수를 분무하여 집중적으로 문질러 닦자.

에탄올

2 물기 제거로 곰팡이를 예방

곰팡이를 막으려면 물기나 세제를 남기지 않아야 한다. 물청소가 끝나면 반드시 물기를 닦아내자. 마지막에 에탄올을 분무하면 살균 효과가 있다.

바닥

베이킹소다

오염물질

point
베이킹소다 반죽을 만드는 법은 15쪽 참조

세제

1 넓은 범위는 큰 솔로

베이킹소다 가루를 뿌리고 큰 솔로 벅벅 문지르자. 거뭇한 오염은 물때+피지+먼지가 단단하게 굳은 것이므로, 베이킹소다 반죽을 발라서 부드럽게 녹인 후 닦아내자.

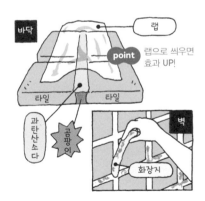

바닥 / 랩

point
랩으로 씌우면 효과 UP!

타일 / 타일

과탄산소다 / 곰팡이 / 벽 / 화장지

2 줄눈의 곰팡이는 표백제+랩

줄눈에 핀 곰팡이에는 과탄산소다 반죽(만드는 법은 15쪽)을 바른다. 랩으로 감싸면 증발을 막아 효과가 더욱 좋다. 벽은 흘러내리기 쉬우므로 화장지에 묻혀 붙여두자.

꼼꼼하게 욕실용품을 욕조에 담그면 한 번에 두 가지 청소를 할 수 있다.
심한 오염에도 문질러 닦기보다는 일단 담가두자.

욕조 · 욕실용품

구연산
1컵

point
목욕하고 남은
따뜻한 물도 OK

1 구연산수에 담그자

피지와 물때가 모두 묻어 있는 곳에서는 좀
더 단단하게 들러붙은 물때부터 제거해야
한다. 목욕하고 남은 욕조 물에 구연산 1컵
을 녹이고, 욕실용품을 담그자. 3시간 정도
담그면 좋다.

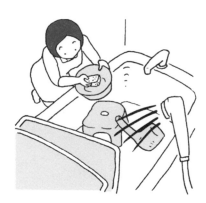

2 꺼내고 헹구자

욕실용품을 꺼내서 헹구자. 구연산의 작용
으로 물때가 부드러워졌으므로 스펀지로 가
볍게 문지르기만 해도 깨끗해진다. 욕조의
물은 아직 버리지 말자.

point
때가 끼기
쉬운 곳은 여기!

3 수면 높이가 오염지대

욕조를 닦을 때 특히 더 신경 써야 할 곳이 수
면 높이다. 욕조 물을 끼얹어가면서 빙글빙글
돌려 닦자. 욕조의 물을 뺀 후에 남아 있는 오
염은 베이킹소다수를 분무해서 문질러 닦자.

TIP!

베이킹소다 1컵   에센셜 오일

일석이조!!
피부와 욕조 속 피지를 모두 제거

욕조에서, 일석이조의 천연입욕제!

베이킹소다 약 1컵과 에센셜 오일 몇 방울로 즉
석에서 입욕제를 만들 수 있다. 베이킹소다의
성분은 시판 입욕제에도 들어간다. 어깨 결림이
나 피로를 풀어줄 뿐만 아니라 피부나 욕조 속
의 불필요한 피지를 제거해주므로 일석이조의
효과를 볼 수 있다.

욕실 문

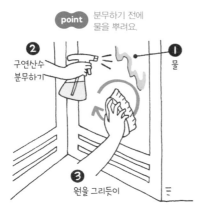

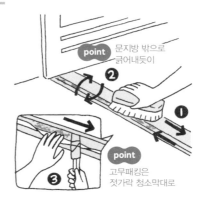

1 문에 구연산수를 칙칙

하얀 때는 비누 찌꺼기거나 물때다. 샤워기로 물을 뿌린 후 구연산수를 분무해서 문질러 닦자. 먼저 물부터 뿌려야 구연산수가 골고루 묻는다.

3 문지방은 두 가지 도구로

문지방에는 먼지와 머리카락이 쌓이기 쉽다. 우선 솔로 긁어내고, 고무패킹이 있는 경우에는 젓가락 청소막대를 넣어서 꼼꼼하게 닦아내자.

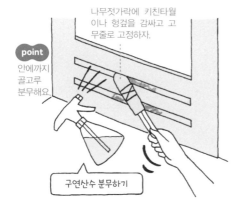

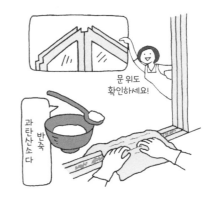

2 환기구 틈새도 더럽다!

문 아래쪽 환기구도 잊지 말자. 안쪽에 곰팡이가 피어 있을 수 있다. 구석구석 구연산수를 분무하고 5분 정도 두었다가 젓가락으로 만든 청소막대로 문질러 닦아내자.

4 곰팡이에는 과탄산소다 팩

곰팡이가 있을 때는 과탄산소다 반죽(만드는 법은 15쪽을) 바르고 랩으로 씌워놓자. 바닥이나 벽, 문 위쪽도 살펴서 팩을 할 때 같이 해주면 좋다. 30분 정도 두었다가 잘 헹구면 된다.

꼼꼼하게 주방 배수구와 요령은 같다. 미끈거리는 오염물질은 냄새의 원인. 예방 차원에서라도 주 1회는 꼼꼼하게 청소해야 한다!

배수구

1 쓰레기는 바로 버리자

배수구에 쌓이는 쓰레기는 될 수 있으면 매일 버려야 한다. 비닐봉지 등으로 손을 감싸서 잡아 들면 그대로 봉지에 감싸 버릴 수 있어 편하다.

point 거품이 이는 동안에는 그대로 두어요.

2 구연산수 분무하기

1 베이킹소다

거품이 부글부글

3 베이킹소다+구연산 거품으로 공격!

많이 더럽고 냄새가 심할 때는 베이킹소다를 듬뿍 뿌리고 그 위에 구연산수를 분무하자. 부글부글 거품이 일면서 오염물질이 분해된다.

point 물을 묻혀가며 문지르면 잘 제거돼요.

2 의외로 더러운 배수구 덮개 안쪽

배수구의 덮개 안쪽은 미끈거리는 점액질이 가득하다. 물을 뿌려가며 솔로 문지르고, 요철이나 격자 구멍은 솔을 비스듬히 기울여서 닦아내자.

주방 배수구(28쪽)와 청소 방법이 똑같아요.

4 거품이 다 가라앉으면 물로 헹구자

거품이 죽으면 물로 헹군다. 남아 있는 오염은 청소용 칫솔이나 멜라민스펀지로 닦아내면 깔끔해진다.

꼼꼼하게 샤워기 헤드는 물때, 호스나 관의 내부는 곰팡이와 점액질이 주요 오염물질이다.
구연산수에 담글 때 샤워기 헤드는 되도록 분리해서 담그자.

샤워기

point
물이 나오는 면도
확인해요!

point
더러운 점액질이 많을 때는
베이킹소다수를 분무해요.

1 하얗고 딱딱한 물때는 구연산수에 담그자

샤워기 헤드를 잘 살펴보면 구멍 주변에 하얀 때가 끼어 있을 때가 있다. 희미한 장막 같은 얼룩도 물때가 원인이다. 대야에 구연산을 녹이고 그 물에 1시간~하룻밤 정도 담가두자.

2 호스의 미끈거림을 완전히 제거하자

욕실을 청소할 때 샤워기 호스까지 꼼꼼히 닦는 사람은 많지 않다. 하지만 여기에 남아 있는 수분과 물때가 곰팡이의 원인이 된다. 1에서 사용한 구연산수를 스펀지에 묻혀서 잘 닦아내자. 깨끗이 헹구어 마른걸레로 물기를 제거하면 끝이다.

샤워기, 이런 문제가 발생했을 때는

오래 사용하면 오염에도 노출되지만 설비 자체가 낡기도 한다. 증상에 따른 관리 방법을 알아보자.

저렴한 헤드도 많고
교체 방법도 간단해요!

물방울이 뚝뚝

접속부가 헐거워졌으면 다시 꼭 조이고, 패킹이나 헤드가 낡아서 물이 샌다면 아예 새 제품으로 교환하자.

수압이 약해졌다

헤드 구멍이 딱딱한 물때로 막혔는지 확인하자. 만약 그렇다면 이쑤시개로 콕콕 눌러서 막힌 구멍을 뚫어주면 된다.

물의 방향이 이상하다

물때가 끼었거나 녹이 슬어서 구멍이 막혔을 가능성이 있다. 취급설명서에 따라 헤드를 분리해서 구연산수에 담갔다가 청소용 칫솔로 문질러 닦자.

꼼꼼하게 하얀 얼룩은 물때가 범인. 처음에는 하얀 자국에 불과하지만, 그대로 방치하면 딱 달라붙어서 닦아도 잘 지워지지 않게 된다.

거울

point
손자국도 나지 않고
섬유도 붙지 않아요.

1 비늘 같은 물때는 구연산수 팩으로 반짝반짝

마치 비늘처럼 퍼져 있는 물때에는 팩을 하자. 키친타월에 구연산수를 분무해서 붙이고, 랩으로 감싸서 3시간~하룻밤 정도 두면 된다. 한 번에 떨어지지 않으면 여러 번 반복해야 한다.

2 반짝이게 닦으려면 마른걸레질!

1의 팩으로 오염이 제거되면 물로 헹구고 마른걸레로 닦자. 이때 수분을 완전히 제거해야 한다. 걸레가 젖으면 흔적이 남게 되므로 주의하자. 반짝반짝 윤이 나게 닦으면 청소 후의 쾌감도 크다.

욕실의 청소용품, 수납 방법만 바꿔도 청소가 쉬워진다

목욕용품이나 청소용품 등을 어디에 어떻게 두어야 할까? 오염물질이 쌓이지 않는 방법을 생각해보자.

목욕의자도 걸어서

다리가 달린 큰 의자를 고르면 욕조 가장자리에 걸어둘 수 있다. 어지간하면 욕실 바닥에는 물건을 두지 않아야 청결함을 오래 유지할 수 있다.

청소도구도 걸어서

분무기나 청소용 솔 등은 수건걸이에 걸어두자. 목욕 후에 바로 손에 들고 청소할 수 있어 편하고, 허리를 숙일 필요도 없다.

작은 물건은 바구니에 담아서

작은 물건은 바구니에 담아서 매달아 보관하자. 바닥과 닿지 않을 때도 끼지 않고, 다 쓴 후에 물기를 빼기에도 좋다.

모르는 척 외면 말고 뒤를 돌아보자

화장실

흔적을
남기지
마라.

응?

사용하는 세제

베이킹소다

구연산

에탄올

바로바로

평소에는 변기를 중심으로
변기 속, 테두리, 덮개, 바닥
주변을 청소하자. 한 번 쓰고
버리는 일회용 청소도구도
편리하다.

남성이 있는 집에서는 하루에도 약 몇 천 개의 오줌방울이 사방으로 튀어나간다고 한다. 보고도 못 본 척하고 싶겠지만, 변기는 물론이고 벽, 바닥, 물탱크, 비데의 노즐까지, 화장실 청소는 절대로 게으름을 피울 수가 없다.

만약 심하게 오염되었다면 세제를 묻힌 화장지를 붙여 두었다가 오염물질이 부드러워진 후에 닦아내자. 곰팡이가 생기기 쉬운 물탱크 안은 베이킹소다를 넣어서 하룻밤이 지난 후에 닦고, 변기의 요석은 30분 정도 구연산 팩을 한 후에 닦으면 좋다. 청소가 끝나면 스위치나 변기 뚜껑 등 손이 닿는 부분에 에탄올을 분무해서 세균을 없애주자.

내버려두면 금방 누레지거나 거무스레해지고 냄새까지 심해지는 화장실.
변기 오염의 주범인 물탱크부터 청소하는 것이 효율적이다.

물탱크 · 수도꼭지

베이킹소다 1컵

point
물탱크
안으로
넣어요.

point
팩→물걸레질→
마른걸레질로 반짝반짝

구연산수
분무하기

1 베이킹소다로 곰팡이 퇴치!

습한 물탱크 안은 곰팡이의 온상지. 그대로
방치하면 그 물이 흘러나와 변기까지 오염
된다. 5시간~하룻밤 정도 베이킹소다 1컵
을 넣어두자.

3 수도꼭지 주변은 구연산수로

2의 스펀지로 수도꼭지 주변도 닦자. 물때
가 심할 때는 휴지에 구연산수를 분무하여
팩을 한 후에 닦으면 깨끗해진다.

point
베이킹소다수를
분무해도 좋고
가루를 뿌려서
닦아도 좋아요.

마른
걸레

2 물받이도 쓱쓱 닦자

가벼운 물때나 먼지는 베이킹소다로 문질러
닦자. 변기 물탱크 위에 손을 씻을 수 있는
물받이가 있는 경우에는 1에서 부을 때 옆
에 떨어진 베이킹소다 가루를 스펀지에 묻
혀서 닦으면 된다.

4 마무리는 마른걸레로

어느 정도 물기가 있는 걸레로 베이킹소다
나 구연산이 남지 않게 깨끗이 닦아내
고, 마른걸레로 물기를 제거하자. 마지막으로
탱크의 물을 흘려보내면 변기의 안팎이 모두
깨끗해진다.

금방 더러워지는 변기. 하지만 청소는 미루기 십상이다.
일회용 청소도구를 사용하면 시간과 품을 절약할 수 있다.

변기

point
변기 바깥쪽부터!

point
문질러 닦을 때는
팩을 했던 휴지를 이용해요.

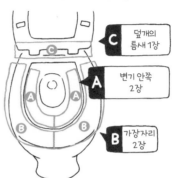

C 덮개의 틈새 1장

A 변기 안쪽 2장

B 가장자리 2장

1 덜 더러운 곳부터

청소는 덜 더러운 곳에서 더러운 곳으로 이
동하며 치우는 것이 기본. 변기를 닦을 때는
덮개나 앉는 자리부터 시작하자. 일회용 솔
을 사용하면 편리하다.

3 찌든 때에는 팩을 하자

물때뿐만 아니라 누레진 찌든 때에는 구연산
수가 효과적이다. 휴지를 대고 구연산수를 분
무하여 30분 정도 놔두었다가 그 휴지로 박박
문질러 닦자.

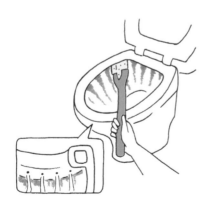

2 변기 안쪽의 오염물질 퇴치!

변기 안쪽은 구연산수를 분무한 후에 닦아
내자. 변기 안쪽은 요석뿐만 아니라 곰팡이
가 발생하기 쉬운 곳이다. 물이 나오는 구멍
과 구멍 사이도 꼼꼼하게 닦아야 한다.

TIP!

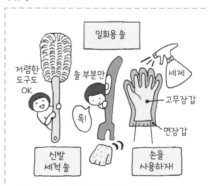

일회용 솔

저렴한
도구도
OK

솔 부분만

톡!

세제

고무장갑

면장갑

신발
세척 솔

손을
사용하자!

변기 청소가 편해지는 용품

작아서 쓰기 편한 신발 세척용 솔은 균일가 생
활용품점에서 저렴하게 구입할 수 있다. 일회용
솔도 있고, 고무장갑 위에 면장갑을 끼고 손으
로 청소하는 방법도 있다. 한 번 청소하고 바로
버리는 도구를 이용하면 청소가 훨씬 편해진다.

꼼꼼하게 손이 닿는 곳, 물이 닿는 곳은 모두 오염지대.
변기, 바닥, 벽 등은 매일 닦지는 못해도 정기적으로 청소해야 한다.

비데

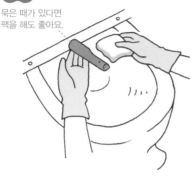

point
묵은 때가 있다면
팩을 해도 좋아요.

구연산으로 월 1회 청소

전원을 끄고 노즐을 당겨서 구연산수를 분무
한 후 휴지로 닦자. 잘 닦이지 않는 찌든 때
가 있을 때는 청소용 칫솔로 문질러 닦는다.

조작 패널

에탄올

살균에는 에탄올

깨끗해 보여도 날마다 손으로 작동시키는 조
작 패널은 잡균의 서식지다. 에탄올을 분무
하여 가볍게 닦아내기만 해도 세균을 없앨
수 있다.

벽 · 바닥

눈여겨봐야 할
오염지대

1 허리 아래쪽이 주요 오염지대

벽은 물걸레로 닦자. 허리 아래쪽은 오줌방
울이나 물탱크의 물이 튀기 쉬운 곳이므로
꼼꼼하게 닦아야 한다. 비교적 덜 더러운 위
쪽에서 아래쪽을 향해 닦거나 윗부분을 먼
저 닦고 아랫부분을 닦으면 좋다.

변기 뒤쪽도

변기와 바닥의 틈새를
문지르면 때가 솔솔

point

2 바닥은 안쪽에서 문 쪽으로

바닥은 변기 뒤쪽에서 시작하여 문을 향해
닦아야 동선이 자연스럽다. 일회용 청소용
품이나 구연산수를 분무한 휴지를 사용하면
바로 버릴 수 있어 편하다.

남은 물기는 하얀 비늘모양 얼룩으로 변신

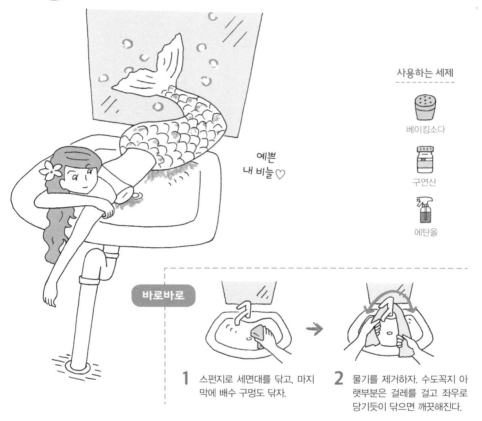

예쁜
내 비늘♡

사용하는 세제

베이킹소다

구연산

에탄올

바로바로

1 스펀지로 세면대를 닦고, 마지막에 배수 구멍도 닦자.

2 물기를 제거하자. 수도꼭지 아랫부분은 걸레를 걸고 좌우로 당기듯이 닦으면 깨끗해진다.

세면대와 그 주변 바닥은 양치질을 할 때 튄 치약 거품이나 머리카락, 옷에서 떨어진 먼지 등으로 매일 조금씩 더러워진다. 하지만 걱정할 필요는 없다. 편리한 청소도구를 잘 갖춰놓으면 쉽고 빠르게 청결함을 유지할 수 있다.

물때의 원인은 수돗물 속에 섞여 있는 석회질이다. 물방울의 둥근 자국이 세면대에 하얀 비늘처럼 들러붙게 되는데, 이를 방치하면 결정처럼 딱딱해진다. 석회질이 많은 수돗물을 사용할 경우에는 어쩔 수 없는 일이지만, 구연산을 이용하면 말끔하게 제거할 수 있다.

꼼꼼하게 세면대는 대개 물 때문에 더러워진다.
오염이 심할 때는 색깔별로 구분하여 원인에 맞게 대처하자.

세면대

안쪽도 확인!

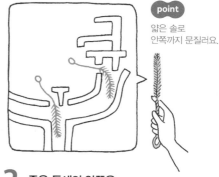

point
얇은 솔로
안쪽까지 문질러요.

1 스펀지로 싹싹 수도꼭지 안쪽도 잊지 말자

세면대는 물에 적신 스펀지로 닦자. 철 수세미는 세면대에 흠집을 내고, 그러면 그 안으로 오염이 스며들어 변색의 원인이 된다. 미끈거리기 쉬운 구석도 꼼꼼하게 닦고, 수도꼭지 안쪽도 곰팡이가 있을 수 있으니 꼭 확인하자.

2 좁은 틈새의 안쪽은 주전자 세척용 솔로 싹싹

배수구나 수위조절 구멍의 안쪽은 주전자 세척용 솔이 안성맞춤이다. 균일가 생활용품점 등에서 쉽게 구입할 수 있다. 배수구 주변은 스펀지나 청소용 칫솔로 닦아내자.

세면대 오염, 색깔별로 구분하는 방법

다양한 오염물질이 뒤섞여 있는 세면대. 오염의 색깔을 보면 대처법을 구분할 수 있다.

**'갈색'의 녹물 자국
→ 베이킹소다 · 과탄산소다**

면도기의 날이나 머리핀, 거울의 이음매 등에서 흘러나온 녹물 자국에는 베이킹소다나 과탄산소다 팩을 해보자.

**'분홍색'의 미끈거림
→ 베이킹소다 · 에탄올**

흐린 분홍색의 점액질은 피지를 먹고 사는 잡균이 번식했다는 표시. 베이킹소다를 잠시 뿌려두었다가 살살 문질러 닦고 깨끗이 헹구자.

**'흰색'의 거친 결정체
→ 구연산수 분무하기**

흰색의 오염은 수돗물의 석회질이 굳어서 생긴 자국. 구연산수를 분무하고 잠시 두었다가 나무젓가락이나 카드로 긁어서 떼어내자.

얼굴이나 손을 씻을 때마다 배수구로 물과 함께 각종 오염물질이 흘러 들어간다. 오염물질이 쌓이기 전에 편리한 도구로 미리미리 제거하자.

배수구

point

물기를 제거하고
양생 테이프를 붙여서
잡아 올려요.

point

빙글빙글 돌려가며
깨끗하게

분리할 수
없을 때

분리할 수 있을 때

1 트랩을 빼서 오물이 쌓였는지 확인하자

트랩을 빼서 거름망에 걸린 오물을 제거하자. 트랩을 빼기가 힘들 때는 물마개의 물기를 제거하고 양생 테이프를 붙여서 잡아 올리면 된다. 그 방법으로도 빼낼 수 없으면 세면대 아래쪽에서 작업해야 한다.

2 거름망에도 주전자 세척용 솔

세면대의 수위조절 구멍에서 사용했던 '주전자 세척용 솔'이 이번에도 쓸모가 있다. 거름망의 틈이나 분리할 수 없는 트랩의 안쪽은 이 솔로 닦아내자. 위아래로 닦거나 빙글빙글 돌려 닦으면 오물이 잘 떨어진다.

- -

배수구가 막혔나 싶을 때는 이렇게!

물이 잘 빠지지 않을 때는 U자관에 오물이 쌓여 있을지도 모른다.

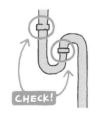

CHECK!

OFF

1 물을 받아낼 준비를 하고 분리하자

너트를 손으로 돌려서 풀고 U자관을 분리하자. 안에 담겨 있는 물이 쏟아질 수 있으니 배관 밑에 대야 등을 받쳐놓아야 한다.

2 관 안을 씻자

U자관 안의 물을 빼고 솔로 닦아 씻자. 이 안에 점액질이나 오물이 쌓여 있을 때가 많다. 안쪽까지 닿는 긴 솔이나 수세미를 이용하면 편하다.

3 다시 조립하자

U자관을 제자리에 돌려놓자. 이 관은 물을 고이게 하여 악취를 예방하고 해충을 막아주는 역할을 하므로 반드시 10~20초 정도 물을 틀어 다시 배관 안에 물이 고이게 해야 한다.

꼼꼼하게 좁은 공간이라도 시간을 따로 내서 청소하려고 들면 귀찮아지는 법이다.
양치질을 하면서라도 바로바로 닦을 수 있게 청소도구를 갖춰놓자.

바닥

point
늘 준비되어
있으면 청소가
편해져요.

잽싸게
싹싹

베이킹
소다수
분무
하기

point

먼가가
묻어 있네……

1 좁은 공간도 대걸레로 손쉽게

먼지나 머리카락 등은 대걸레로 닦아내자.
세면대 주위나 좁은 구석은 더 쉽게 오염될
수 있으니 자주 닦아야 한다. 세면대 옆에
대걸레를 놓으면 더러워질 때마다 바로 닦
을 수 있어 편하다.

2 뭔가가 묻어 있다면 베이킹소다수를 칙칙!

바닥에는 비누 찌꺼기가 포함된 물방울이며
양치질을 할 때 튄 치약 거품 등이 묻어 있
을 수 있다. 젖은 청소용 칫솔로 문질러 닦
아보자. 딱딱하게 굳어 있다면 베이킹소다수
를 뿌린 후에 마른걸레로 문질러 닦자.

세면대 수납장에 넣어두면 편리한 용품들

일회용 청소용품이나 크기가 작은 청소도구를 수납장에 넣어두면
귀찮다는 생각이 들기 전에 곧바로 청소할 수 있어 좋다.

세제는 휴대용 리필용기에

균일가 생활용품점 등에서 판매하
는 휴대용 리필용기는 세면대의 작
은 수납장에 쏙 들어간다. 에탄올,
구연산수, 베이킹소다를 담아두면
매우 편리하다.

물방울이나 물때를 닦는 도구

여행용 화장지나 면봉은 걸레와 달
리 쓰고 바로 버릴 수 있어 편하다.
배수구 주변이나 물막이를 닦는 데
사용해보자. 섬유가 남기 쉬우므로
거울을 닦는 데는 좋지 않다.

일회용 종이컵에 세워서

자주 사용하는 주전자 세척용 솔이
나 스펀지는 일회용 종이컵에 세
워서 보관하자. 그래야 오염물질이
선반에 묻지 않는다. 컵이 더러워
지면 다른 컵으로 바로 교체하자.

곰팡이며 물때가 지천으로 널렸도다!

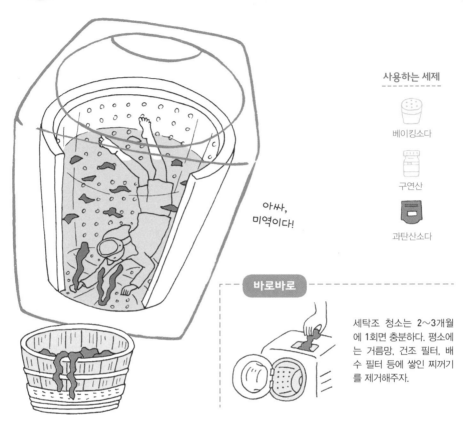

아싸,
미역이다!

사용하는 세제

베이킹소다

구연산

과탄산소다

바로바로

세탁조 청소는 2~3개월에 1회면 충분하다. 평소에는 거름망, 건조 필터, 배수 필터 등에 쌓인 찌꺼기를 제거해주자.

세탁조 속에 곰팡이와 물때가 심해지면 마치 미역 같은 이물질이 둥둥 떠다니게 된다. 그 정도까지는 아니더라도 세탁한 빨래에서 어쩐지 퀴퀴한 냄새가 난다면 세탁조 내부가 오염되었다고 봐야 한다. 전용 세제가 나와 있기는 하지만 이런 경우에는 과탄산소다를 써보자. 세로형 세탁기든 드럼형 세탁기든, 따뜻한 물에 과탄산소다를 잘 녹여서 세탁조에 붓기만 하면 오염물질이 깨끗하게 제거된다. 평소에는 먼지 거름망이나 필터, 고무패킹 등 분리해서 닦을 수 있는 부품을 깨끗하게 관리하여 고장을 예방하자.

꼼꼼하게 세탁기는 눈에 보이지 않는 세탁조 안쪽이 더러워진다. 세탁물에서 냄새가 난다면 세탁조부터 청소해야 한다. 대략 3개월에 1회가 적당하다.

세탁조

point 따뜻한 물에 녹여야 효과가 좋아요.

세로형

과탄산소다

드럼형

1

과탄산소다는 따뜻한 물에 녹여서

과탄산소다가 효과를 최대한으로 발휘하는 물의 온도는 40~60℃. 이 온도의 물에 과탄산소다를 잘 녹여서 세탁조에 넣자. 이때 세탁조의 물도 따뜻한 물이어야 한다. 과탄산소다의 양은 물 10L에 500g이 알맞다.

point 부품도 같이 넣어요.

2

과탄산소다가 골고루 퍼지도록 세탁기를 돌리자

'세탁조 청소' 코스에 맞춰놓고 돌리거나, 이 기능이 없으면 2~3분 돌렸다가 하룻밤 정도 그대로 내버려두자. 이때 분리해놓은 부품을 같이 담그면 편하다.

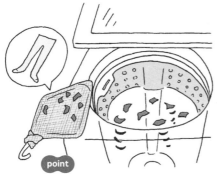

point 옷걸이에 낡은 스타킹을 씌워서 사용하면 편해요.

3

하룻밤 지나면 오염물질이 둥둥!

물에 둥둥 떠 있던 미역 같은 이물질은 세탁조 뒤쪽에 붙어 있던 곰팡이와 세제 찌꺼기다. 2에서 담근 부품과 오염물질을 건져내고, 세탁, 헹굼, 탈수를 2~3회 돌린 후 뚜껑을 열어 완전히 건조시키자.

꼼꼼하게 꼼꼼하게 닦으면 깨끗해지는 것은 물론이고, 기계의 성능도 좋아진다. 월 1회는 꼼꼼하게 청소하자.

가장자리

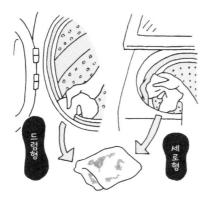

고무패킹은 오염물질의 소굴!

유연제의 잔여물이나 의류의 섬유가 들어가 미끈거리고 지저분한 고무패킹. 걸레를 끼워 넣고 빙 둘려가며 닦으면 의외로 쉽게 제거된다.

배수 필터(드럼형)

point 물속에서 문지르면 잘 떨어져요.

물속에서 문질러야 편하다!

필터에 붙어 있는 찌꺼기는 흐르는 물에 씻어서는 잘 제거되지 않는다. 대야에 물을 받아 놓고 그 안에서 문질러 씻자. 달라붙어 있던 찌꺼기들이 느슨해져서 쉽게 제거된다.

받침판

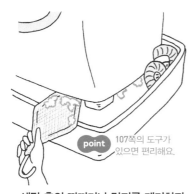

point 107쪽의 도구가 있으면 편리해요.

세탁 후의 찌꺼기나 먼지를 제거하자

한번 설치하면 움직일 일이 거의 없는 세탁기. 받침판을 깔아둔 경우에는 세탁 후의 찌꺼기나 먼지가 받침판에 쌓여 있을 수 있다. 청소기로 빨아들일 수 없을 때는 안쪽까지 닿는 청소도구로 제거하자.

건조 필터(드럼형)

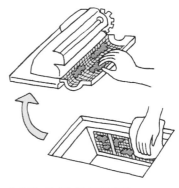

손으로 제거한 후 물걸레질

손으로만 떼어내면 가루 상태의 찌꺼기는 그대로 남는다. 큰 찌꺼기를 제거한 후에 필터가 휘어지지 않게 주의하면서 물걸레질을 해주자. 본체 쪽도 찌꺼기가 붙어 있으므로 잊지 말고 닦아야 한다.

세탁물 실내 건조 시의 요령

장마 때나 사생활 보호를 위해 알아두어야 할 실내 건조 요령.
조금이라도 빨리 말려야 세균 번식과 냄새를 막을 수 있다.

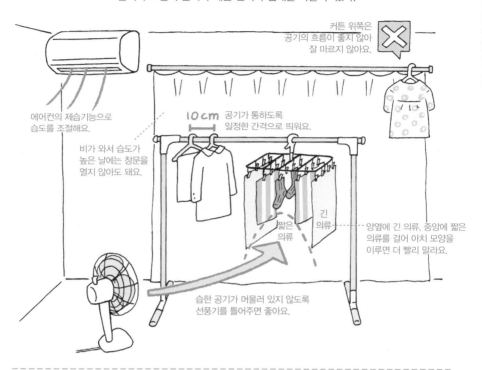

커튼 위쪽은
공기의 흐름이 좋지 않아
잘 마르지 않아요.

에어컨의 제습기능으로
습도를 조절해요.

비가 와서 습도가
높은 날에는 창문을
열지 않아도 돼요.

10cm 공기가 통하도록
일정한 간격으로 띄워요.

짧은 의류

긴 의류

양옆에 긴 의류, 중앙에 짧은
의류를 걸어 아치 모양을
이루면 더 빨리 말라요.

습한 공기가 머물러 있지 않도록
선풍기를 틀어주면 좋아요.

세탁물 냄새의 원인은?

곰팡이 냄새, 덜 마른 듯한 퀴퀴한 냄새, 오염물질에서 나는 냄새…… 모두 세균이 원인이다.

과탄산소다

40~45℃

건조될 때까지 늘어나는 세균

세탁물이 다 마를 때까지 시간이
걸리면 걸릴수록 세균도 그만큼 많
이 증식한다. 가능한 한 빨리 마를
수 있게 밖에서든 안에서든 통풍에
신경 쓰자.

세탁기의 잡균

세탁기를 정기적으로 청소하지 않
으면 그 안에서 곰팡이나 잡균이 번식
하여 옷에 들러붙게 된다. 2~3개월
에 한 번은 세탁조를 깨끗하게 청소
하자.

세탁물의 잡균

세탁기로 오염물질을 100% 제거
하기는 어렵다. 심하게 더러운 옷
은 애벌빨래를 하거나 과탄산소다
를 녹인 온수에 담갔다가 세탁기
에 넣어 돌리자.

리모델링 & 이사 시에 꼭 확인해야 하는

물을 많이 쓰는 곳의
설비 선택 요령

호텔식 인테리어는 청소가 큰일

큰 유리창

나무 욕조

오염물질이 쌓이기 어려운 욕실 문

환기구는 문 위에

아래쪽에 있으면 오염물질이 들어오기 쉬워요.

청소하기 쉬운 세면대

늘어나는 샤워기 호스

아무리 멋진 인테리어라고 해도 청소가 쉬워야 깨끗이 관리할 수 있다. 욕실 벽에 유리가 많으면 씻을 때마다 물방울이 튀고, 조금만 게을러지면 그 물방울들이 하얀 얼룩으로 바뀐다. 나무 욕조는 비록 향기가 그윽하고 색다른 정취를 느낄 수 있어 좋지만, 시간이 지나면 곰팡이를 피할 수 없다.

욕실을 청소할 때 깜박하고 넘어가기 쉬운 곳이 욕실 문이다. 특히 환기구가 아래쪽에 있는 문은 먼지가 쌓이고 곰팡이가 발생하기 쉬워서 좋지 않다. 욕실 문을 고를 때는 환기구가 상부에 있거나, 하부에 있더라도 고무패킹이나 루버 형식이 아닌 것을 고르자.

수염을 깎거나 화장을 하면 세면대 앞쪽이 더러워진다. 이때 수도꼭지가 짧으면 청소하기가 번거롭다. 잡아 당겨서 늘릴 수 있는 샤워기 호스 등을 설치하면 더러워졌을 때 바로바로 물로 씻어낼 수 있어 편하다.

배수구 트랩은 분리되는 형식이 좋다

청소하기 쉬운 편리한 디자인이 늘고 있다

물탱크

틈이 적다.

굴곡이 적다.

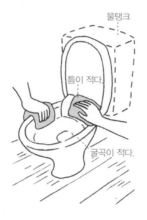

청소하기 쉬운 바닥

방취, 항균, 항바이러스 효과가 있는 소재도 있어요.

배수구 트랩은 쉽게 분리되는 형식과 세면대 아래에서 작업해야만 분리되는 형식이 있다. 분리되는 형식의 배수구 트랩이 청소하기 쉽다.

화장실 설비는 관리하기 쉬운 편리한 디자인으로 발전하고 있다. 곰팡이가 발생하는 물탱크를 없앤 직수형 변기도 있고, 테두리의 굴곡과 연결 부위의 틈을 줄여서 오염물질이 쌓이지 않게 디자인된 변기도 있다.

남성이 소변을 보면 하루에도 수천 개의 오줌방울이 밖으로 튀어나간다. 화장실 바닥은 물이나 세제에 강해서 청소하기 쉽고, 암모니아 냄새 등 악취가 달라붙기 어려운 소재를 선택하는 것이 좋다. 마룻바닥이나 줄눈이 많은 타일은 피하자.

5

실 외

바슬바슬한 모래먼지와 함께 여기저기에
쌓여 있는 까만 알갱이들. 과연 정체가
무엇일까? 그건 바로 배기가스 분진.
실외 청소에는 베이킹소다를 활용하자!

날마다

1 현관 114

외출 전이나 귀가 후, 신발장 위에 물건이 쌓여 있지 않도록
바로 치우자. 청소용 솔이나 빗자루를 바로 사용할 수 있게
준비해두면 편리하다.

2 창문 118

결로 현상으로 이슬이 맺혔을 때는 바로 닦자. 걸레보다는
스퀴지가 훨씬 더 잘 닦인다. 저렴하면서도 성능이 우수한
도구를 활용하자.

겨울철 결로 현상 대책은
125쪽을 참고하세요.

가끔

3 현관의 꼼꼼한 청소 115

외출할 때나 귀가할 때 기분 좋은 쾌적함을 느끼고 싶다면 문, 외부 계단, 바닥의 흙먼
지 등도 월 1회 정도는 깔끔하게 청소하자.

4 베란다 116

난간이나 실외기에는 배기가스로 인한 까만 때가 들러붙어 있다. 세탁물을 말리는 장소
이니만큼 1~2개월에 1회는 깨끗이 닦아내자.

5 방충망, 셔터, 창틀 120

닦으면 몰라보게 깨끗해진다. 물부터 뿌리지 말고, 우선 마른
먼지부터 제거하는 것이 청소 시간을 단축하는 요령이다.

실외 청소를
도와주는 도구는
122쪽을 참고하세요.

현관은 그 집의 얼굴이라는데, 마음에 드나요?

사용하는 세제

베이킹소다

구연산

과탄산소다

어머나!

바로바로

먼지나 흙이 보이면 바로 치우자. 균일가 생활용품점에서 파는 작은 빗자루와 쓰레받기 세트가 현관에 준비되어 있으면 편하다.

○yuko #예쁜 #현관매트

가족이 매일 드나드는 현관은 외부에서 들어오는 오염물질이 가장 먼저 쌓이는 곳이다. 화창한 날에는 마른 모래먼지, 비 오는 날에는 젖은 진흙……. 날씨에 따라 오염물질도 달라진다.

꼼꼼하게 청소하고 싶다면 맑은 날을 골라보자. 오염물질이 말라 있어 비교적 쉽고 빠르게 끝낼 수 있다. 신발이나 우산은 모두 꺼내 밖에 내놓자. 아무것도 놓여 있지 않은 상태에서 시작하면 청소 시간도 줄일 수 있고, 신발의 습기도 말릴 수 있어 일거양득이다. 훤하게 탁 트인 현관을 목표로 하자.

꼼꼼하게 가족뿐만 아니라 손님도 맞이하는 현관. 현관은 그 집의 얼굴이나 다름없다.
먼지나 흙이 말라 있을 때는 물을 묻히기 전에 비질부터 시작하자.

1 청소에 방해되는 물건을 치우자

신발이나 우산, 장난감 등을 제자리에 넣거
나 밖으로 꺼내 햇빛에 말리자. 청소를 시작
하기 전에 바닥에 나와 있는 것이 없도록 정
리정돈부터 해야 비질하기가 좋다.

point

빙글빙글 돌리지 말고
위에서 아래로 쭉
내리면서 닦아요.

3 손에 닿는 느낌이 달라진다!

알게 모르게 손때가 많이 끼는 문은 베이킹
소다수를 분무한 후에 닦자. 빗방울이 튄 자
국이나 진흙은 물로만 닦아도 충분하다. 빙
글빙글 돌리지 않고 한 방향으로 닦으면 흔
적이 남지 않는다.

point

필요 없는 종이를
쓰레받기 대신에 사용해요.

2 마른 흙과 먼지를 쓸어 담자

현관을 더럽히는 것들은 대개 모래먼지, 나
뭇잎, 머리카락 등이다. 이런 마른 먼지에 물
부터 뿌리면 오히려 들러붙어 닦아내기가 어
렵다. 우선은 깨끗하게 비질부터 시작하자.

point 현관.턱도.빼놓지.말아요.

4 바닥을 닦으면 반짝반짝

3의 걸레로 바닥에 달라붙은 때를 닦자. 대
리석이 아니라면 수세미를 사용해도 괜찮다.
현관 턱과 줄눈 등 오염물질이 쌓이기 쉬운
곳도 잊지 말자.

흐렸다가 비가 온다고? 청소해야겠다!

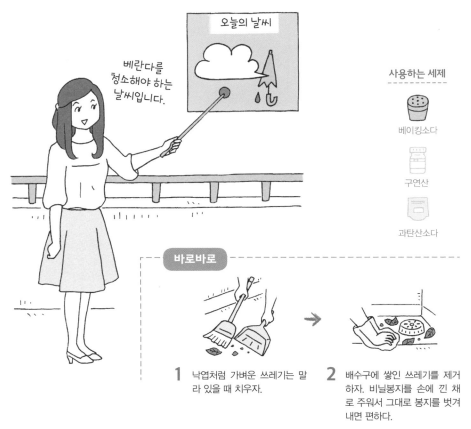

오늘의 날씨

베란다를 청소해야 하는 날씨입니다.

사용하는 세제

베이킹소다

구연산

과탄산소다

바로바로

1 낙엽처럼 가벼운 쓰레기는 말라 있을 때 치우자.

2 배수구에 쌓인 쓰레기를 제거하자. 비닐봉지를 손에 낀 채로 주워서 그대로 봉지를 벗겨내면 편하다.

아파트에서는 특히 더 이웃집이나 아래층을 배려해야 하는 베란다 청소. 평소에는 낙엽이나 모래먼지만 쓸어도 충분하지만, 조금 더 깔끔하게 치우고 싶다면 비 오는 날을 골라보자. 청소 후의 물이 빗물과 함께 홈통으로 흘러 들어가 소음도 줄고, 이웃집에 물이 튈 걱정도 덜 수 있다.

베란다를 청소할 때는 '위에서 아래로', '마른 것→끈적끈적한 것'의 순서대로 해야 한다. 우선은 실외기나 건조대 위의 먼지를 떨어내고, 이 먼지를 바닥 먼지와 함께 쓸어내자. 솔로 문질러 닦거나 걸레로 닦는 과정은 맨 나중에 하는 것이 좋다.

베란다의 오염은 배기가스나 꽃가루가 섞인 모래먼지가 중심이다.
물로 깨끗이 제거되지 않을 때는 베이킹소다수를 분무하자.

point

베이킹소다수를
분무한 후에 닦아요.

1

청소는 위에서 아래로,
실외기부터 시작하자

실외기나 건조대 등 위에 있는 물건의 먼지부터 떨어내자. 까맣게 들러붙은 때는 배기가스가 섞인 오염물질이다. 마른 먼지를 제거한 후에 베이킹소다수를 분무하여 닦으면 쉽게 제거된다.

point

바닥에서
배수구 쪽으로

2

젖은 신문지를 뿌리면
먼지가 달라붙는다

신문지를 적셔서 물기를 가볍게 짠 후 잘게 찢어 바닥에 뿌리자. 잠시 그대로 두면 모래먼지가 신문지에 들러붙는데, 그때 신문지를 쓸어 담으면 바닥이 깨끗해진다. 쓰레기는 배수구 쪽으로 쓸어서 배수구의 쓰레기까지 함께 내다 버리자.

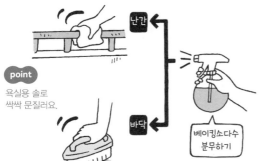

point

욕실용 솔로
싹싹 문질러요.

3

난간이나 바닥의 묵은 때에는
베이킹수다수를 칙칙

물로 제거되지 않는 진득한 때에는 베이킹소다수를 분무하자. 3분 정도 두었다가 문지르면 깔끔해진다. 바닥은 걸레보다 단단한 솔로 문지르는 것이 좋다.

창을 닦으면 세상이 환해진다

사용하는 세제

베이킹소다

구연산

과탄산소다

바로바로

1 평소에는 먼지만 떨어내도 된다. 마른걸레나 다용도 손잡이 걸레로 유리를 닦자.

2 창틀의 먼지도 제거해주면 좋다. 창틀을 닦으면서 먼지도 같이 닦아내자.

큰맘 먹고 청소해도 닦은 얼룩이 남게 되면 괜한 헛고생을 한 기분이 든다. 창문 청소를 깔끔하게 마무리하는 요령 중 하나는 실내보다 실외를 먼저 닦는 것이다. 실외는 실내보다 훨씬 더 더럽다. 실외를 먼저 닦으면 실내를 닦을 때 얼룩을 확인할 수 있어 좋다.

걸레나 마른수건만 쓰지 말고 스퀴지를 써보자. 사용법만 알면 거짓말처럼 청소가 쉬워진다. 게다가 수건으로 닦는 것보다 더 깨끗이 닦인다.

꼼꼼하게 모처럼 청소했는데 얼룩이 남으면 맥이 빠진다.
창문 청소의 비기는 스퀴지. 값이 저렴하니 하나쯤은 장만해놓자.

유리창

point
물을 먼저
묻혀놓으면
베이킹소다수가
골고루 묻어요.

1

베이킹소다수+스펀지
실외부터 시작

바깥쪽 면을 먼저 닦고 집 안쪽 면을 나중에 닦자. 그래야 잔여 오염물의 여부를 확인할 수 있다. 주요 오염물질은 손때와 배기가스이므로 베이킹소다수를 분무한 후에 스펀지로 닦아내자.

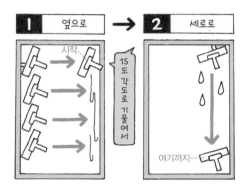

2

스퀴지를 사용하면
얼룩이 남지 않는다

스퀴지를 사용해서 얼룩을 제거하자. 창문의 왼쪽부터 닦기 시작하고, 약 15도 각도로 기울여서 곧게 밀어주면 된다. 같은 방법으로 층층이 물기를 제거하고, 마지막에는 스퀴지의 오른쪽을 아래로 싹 내리며 물기를 떨어뜨리자.

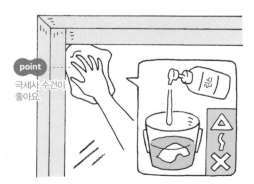

point
극세사 수건이
좋아요.

3

네 귀퉁이의 물방울을
닦아내면 끝!

네 귀퉁이에 남은 물방울은 마른걸레로 닦아내자. 극세사 수건을 사용하면 자국 없이 깔끔하게 제거된다. 린스를 희석한 물로 닦아내면 오히려 더 탁해지는 원인이 될 수 있다.

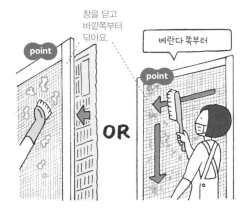

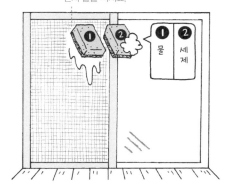

방충망

창을 닫고 바깥쪽부터 닦아요.

point

베란다 쪽부터

point

OR

1

떼어내지 않아도 OK
그물 사이에 낀 먼지를 제거하자

우선은 그물 사이에 낀 먼지를 제거
하자. 창을 닫고 바깥쪽에서 제거해야
먼지가 실내로 들어가지 않는다. 이때
효과적인 도구는 세차 솔. 만약 청소
기를 사용한다면 안쪽에 신문지를 붙
여놓아야 먼지를 확실하게 빨아들일
수 있다.

point

먼저 물을 적셔요.

❶ ❷
물

❶ ❷
세제

2

세제를 쓰기 전에 물부터
적시는 것이 요령

세제를 쓰기 전에 젖은 스펀지로 물을
충분히 묻혀야 세제가 골고루 퍼져서
먼지가 잘 떨어진다. 베이킹소다수도
좋지만 방충망에는 거품이 잘 일어나
는 중성세제가 더 알맞다.

3

안팎으로 수건을
대고 마무리

'그냥 놔두어도 잘 마르겠지.'라는 생
각은 큰 오산이다. 더러운 물기를 내
버려 두면 그 물기가 마르면서 다시
더러워진다. 방충망이 휘지 않게 수건
두 장을 안팎으로 대고 천천히 물기를
닦아주자.

point

안팎으로 잡아야
방충망이 휘지
않아요.

셔터

창틀 청소용 솔이 편해요.

1 먼지를 제거하자

홈 안쪽에는 먼지와 배기가스의 분진이 쌓여 있다. 청소용 솔로 먼지를 바닥에 떨어뜨린 후 한꺼번에 모아서 버리자. 처음부터 물을 뿌리면 홈 안쪽에 오염물질이 고이게 되므로 먼지부터 제거해야 한다.

2 물걸레로 닦자

물기를 꼭 짠 걸레로 닦자. 아예 물을 뿌려서 닦아도 되지만 마지막에는 반드시 물기를 제거해야 얼룩이 남지 않고 녹이 슬지 않는다. 맑은 날에 하면 빨리 말라서 좋다.

point
철 수세미는 안 돼요.

3 녹이 살짝 슬었으면 보수하자

녹이 심하지 않으면 집에서도 쉽게 보수할 수 있다. 중간이나 가는 사포로 문지른 후에 같은 색깔의 아크릴 도료를 두껍게 바르면 된다. 철 수세미는 흠집을 내므로 피하자.

창틀

5
실외

1 모래먼지를 빼내자

칫솔이나 창틀 청소용 솔로 모래먼지를 빼내고, 청소기로 남은 먼지를 빨아들이자. 창틀을 닦을 때도 마른 상태에서 먼지부터 빼내고 물걸레질을 해야 한다.

point
식기세척용 스펀지에 격자모양으로 칼집을 내요.

2 울퉁불퉁한 창틀에는 망고 스펀지

창틀에는 망고 스펀지가 편하다. 마치 망고를 자를 때처럼 스펀지에 1.5㎝ 간격으로 칼집을 넣고, 이 스펀지를 물에 적셔 물기를 꼭 짠 후에 창틀에 올려서 쭉 닦자. 한 번에 먼지를 제거할 수 있다.

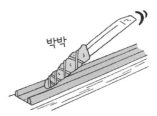

박박

3 단단히 들러붙은 먼지에는 나무젓가락

진흙이나 먼지가 수분과 섞여 단단하게 들러붙어 있을 때는 나무젓가락에 물티슈나 자투리 천을 감싸 문지르자.

쉽고 빠르게!

실외 청소가
편해지는 도구

청소용 솔을 걸어두고 바로바로

바로 꺼낼 수 있는 자리에

신발장 위나 소품, 문의 피프홀(peephole, 밖을 내다볼 수 있는 구멍—옮긴이), 손잡이 등의 먼지를 떨어낼 때는 작은 청소용 솔이 편하다. 바로 꺼낼 수 있는 곳에 걸어두면 외출 전이나 귀가 후에 먼지를 떨어낼 수 있어 편하다.

키에 맞는 빗자루 세트

키 약 160cm

약 75cm

비질을 할 때 키에 맞는 빗자루와 쓰레받기를 쓰면 일일이 허리를 굽히지 않아도 된다. 비질을 하는 방법에 따라 차이는 있겠지만, 대략 키가 160cm라면 75cm의 빗자루 세트를 준비하는 것이 좋다.

넓은 면적에는 세차 솔

물청소도 쉽고 빠르게 할 수 있어요.

약 75cm

청소할 때는 우선 마른 상태에서 쓰레기와 먼지를 제거해야 한다. 실외에서는 방충망이나 실외기 등 면적이 넓은 곳을 청소할 때가 많으므로 청소용 솔도 큼직한 세차 솔을 사용하자.

바닥을 더럽히지 않는 접착식 우산걸이

균일가 생활용품점 등에 다양한 제품이 나와 있어요.

접착식 우산걸이를 사용하면 바닥 청소의 부담을 덜 수 있다. 자석이 달려 있어 탈부착이 간편하고 스탠드형보다 크기가 작아 보관하기도 쉽다. 비 오는 날 붙여두면 현관 바닥에 물방울이 떨어지는 것을 막을 수 있다.

걸레로는 흉내 낼 수 없는 말끔함!

옆에서 보았을 때 ○ ✕

저렴한 값에 종류도 여러 가지

그동안 걸레질만 했다면 스퀴지를 꼭 한번 사용해보자. 스퀴지는 고무 부분이 두툼하고 귀퉁이가 확실하게 각이 져 있는 것을 골라야 한다. 손잡이의 길이나 두께도 다양하므로 반드시 실물을 확인하고 구입하자.

베란다, 외벽⋯ 순식간에 끝

가정용 고압 세척기가 있으면 솔질하는 수고를 덜 수 있다. 시간도 단축되고, 베란다 이외에 계단이나 외벽, 자동차 바퀴 등 손으로 청소하기 번거로운 부분을 쉽고 빠르게 해결할 수 있다. 무선 세척기도 있으니 자신에게 맞는 제품을 고르자.

연말 대청소가 간편해지는

12개월
중(中)청소 달력

집 안 곳곳을 매달 꼼꼼하게
청소하기란 쉽지 않다.
계절에 맞춰서 달마다 한 곳씩
대(大)청소가 아닌 '중(中)청소'를 해보면 어떨까?

1월

현관

연초여서 손님이 많이 찾아오는 달이니 집안의 얼굴인 현관을 깨끗하게 치우자. 찾아오는 사람이나 맞이하는 사람이나 모두 상쾌한 기분을 느낄 수 있다. '올 한 해도 무탈히 잘 지내게 해주세요.' 하는 마음을 담아 여느 때보다 더 꼼꼼하게 쓸고 닦자.

신발은 모두 꺼내서 습기를 제거해요.

먼지가 쌓이기 쉬운 구석은 더욱 꼼꼼하게 닦아요.

욕실 장화를 신으면 발이 젖지 않아요.

걸레는 중간 지점에서 빨아요.

공기가 잘 통하게 문을 열고, 가능하면 선반도 닦아요.

2 : 아침에 일어나면
곧바로 1의 걸레로 창에 맺힌
물기를 닦아요.

외출 전에 창을 열어 환기해요.
외부와 실내의 온도를 같게 해주면
결로 현상이 일어나지 않아요.

1 : 잠들기 전에 물기가
흘러내리기 쉬운 곳에
걸레를 깔아놓아요.

2월

결로 대책과
창 닦기

날이 추운 2월에는 외부와 실내의 온도 차이로 결로 현상이 일어나기 쉽다. 잠자리에 들기 전에 창가에 수건이나 걸레를 깔아놓고, 아침에 그 걸레로 창문에 맺힌 물기를 닦아내자. 단, 마룻바닥에 오랫동안 젖은 걸레를 깔아두면 얼룩이 질 수 있으니 주의해야 한다.

3월

수납장 닦기

신학기가 시작되는 3월. 학교나 회사, 관공서 등과 연관된 서류도 정리할 겸 수납장 전체를 청소하자. 물기를 꼭 짠 걸레로 수납장 곳곳을 닦고, 먼지나 손때가 심할 때는 베이킹소다수를 분무한 후에 닦아내자.

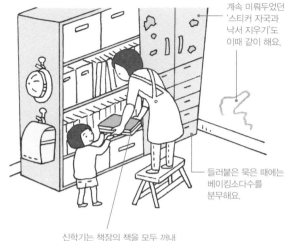

계속 미뤄두었던 '스티커 자국과 낙서 지우기'도 이때 같이 해요.

들러붙은 묵은 때에는 베이킹소다수를 분무해요.

신학기는 책장의 책을 모두 꺼내 정리하고 청소할 기회!

거실의 큰 창가에서 시작해요.

이른 아침이 청소하기 제일 좋은 시간!

거실

복도

현관

현관에서 끝내요.

젖은 대걸레

4월

꽃가루 대책과 바닥 청소

4월에는 꽃가루가 많이 날려서 알레르기가 있는 사람은 더욱 힘들어진다. 공기 중의 꽃가루는 사람의 움직임이 적은 밤사이에 바닥으로 가라앉는다. 청소를 하려면 아침에 하자. 단, 청소기는 꽃가루를 다시 날리게 하므로 대걸레로 닦아내는 것이 좋다.

5월

에어컨

에어컨을 본격적으로 가동시키기 전에 곰팡이나 먼지를 미리 제거해두자. 쉽게 만들 수 있는 '스펀지 청소막대'로 송풍구 안쪽까지 구석구석 닦고, 에탄올로 곰팡이를 예방하자.

만드는 방법
1. 스펀지의 거친 면을 제거한다.
2. 반으로 자른다.
3. 나무젓가락에 돌돌 말아서 고무줄로 고정한다.

자주 문을 열어 공기를 순환시켜요.

비가 그치면 바로 창문을 열어요.

CHECK

제습제를 자주 확인해요.

6월

곰팡이 대책

장마가 시작되는 6월에는 뭐니 뭐니 해도 곰팡이 대책이 제일 중요하다. 욕실이나 화장실 이외에도 서랍장, 수납장, 장롱 등 집안 곳곳을 주의 깊게 살펴야 한다. 통풍과 제습에 신경 쓰고, 구석진 곳에 곰팡이가 생기지는 않았는지 자주 살피자.

먼저 물을 묻혀놓으면
세제가 골고루 퍼져요.

아이가 밖에서 물청소를
도와주어도 춥지 않아요.

바닥 전체를 닦아야
먼지가 덜 들러붙어요.

7<small>월</small>

방충망과
베란다

실외 물청소가 기분 좋게 느껴지는 시기이
므로 베란다나 방충망 청소를 해보자. 맑은
날에는 물기도 금방 마른다. 이웃에 피해가
갈까 걱정된다면 흐린 날이나 비가 약하게
오는 날을 고르자.

8<small>월</small>

주방의 기름때

무더운 여름은 기름때를 벗기기에 최적의
계절. 기온이 오르면 기름 성분이 부드러
워져서 딱딱했던 찌든 때도 제거하기 쉬워
진다. 태양의 힘을 빌린 '방치 청소'도 여름
의 특권. 평소에는 세제+따뜻한 물에 담가
두어야 했던 것들을 찬물에 담가 오전 중에
밖에 내놓자. 햇빛의 영향으로 저절로 따뜻
해져서 기름때가 잘 지워진다.

한여름에는
2~3시간이면 OK

찬물이나
미지근한 물 1L에
베이킹소다 1큰술

큰 비닐봉지를 사용하면
석쇠나 환기팬도 문제없어요.

9월

침실과 집먼지진드기 대책

집먼지진드기의 개체 수는 여름철에 늘어나지만, 알레르기의 원인인 배설물이나 사체는 9~10월에 가장 많아진다. 세탁할 수 있는 침구는 자주 세탁하고, 침구나 매트리스에는 꼼꼼하게 청소기를 돌리자.

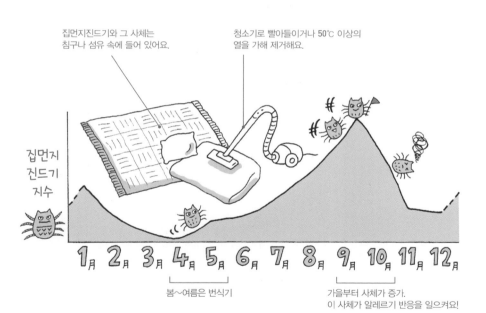

집먼지진드기와 그 사체는 침구나 섬유 속에 들어 있어요.

청소기로 빨아들이거나 50℃ 이상의 열을 가해 제거해요.

집먼지 진드기 지수

1月 2月 3月 4月 5月 6月 7月 8月 9月 10月 11月 12月

봄~여름은 번식기

가을부터 사체가 증가. 이 사체가 알레르기 반응을 일으켜요!

10월

옷 정리와 걸레 만들기

베이킹소다수로 닦으면 손때 제거+탈취·방충 효과가 있어요.

베이킹 소다수 분무하기

우선은 먼지부터 제거해요.

서랍 안도 환기해요.

티셔츠 1장으로 걸레를 4장 만들 수 있어요.

옷장 청소 시에는 여름철에 묻은 손때나 습기, 곰팡이 등을 확실하게 제거해야 한다. 버릴 옷이 있으면 걸레로 만들어 연말 대청소 때 사용하자. 공기가 건조해지기 시작하므로 물걸레질을 하거나 베이킹소다수를 사용해 닦아도 비교적 빨리 마른다.

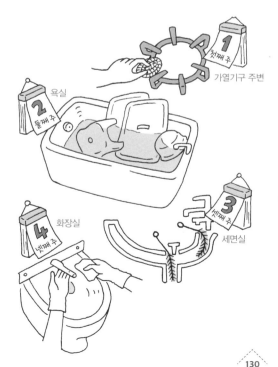

첫째 주 — 가열기구 주변

둘째 주 — 욕실

셋째 주 — 세면실

넷째 주 — 화장실

11월

물을 많이 쓰는 곳은 대청소를 미리 하자

연말을 한 달 앞둔 11월에 물을 많이 쓰는 곳만이라도 미리 청소해두면 연말 대청소가 훨씬 편해진다. 이번 주말에는 주방, 다음 주말에는 욕실……. 이렇게 구역을 나눠서 청소하면 부담을 덜 수 있다.

12^월

자신 있는 장소를 선택해 분담하자

대청소는 가족행사다. 기분 좋게 새해를 맞이하기 위한 이벤트로 삼아 가족 간에 역할을 잘 분담해보자. 할 일을 잘 보이게 목록화하고 구성원 각자가 스스로 선택해보는 것도 하나의 방법이다.

높은 장소는 키가 큰 사람에게 맡기면 좋아요.

목록을 작성하면 가족 모두가 알아보기 쉬워요.

청소할 곳이 이렇게나 많았다니-.

나도 해도 돼요?

혼자서 다 하는 건 너무 힘들어요.

좁은 틈새는 아이들이 좋아해요.

청소해부도감

초판 1쇄 발행 2018년 10월 10일
초판 4쇄 발행 2020년 11월 12일

지은이 NPO법인 일본하우스클리닝협회
옮긴이 김현영

발행인 김기중
주간 신선영
편집 고은희, 정은미
마케팅 김신정
경영지원 홍운선

펴낸곳 도서출판 더숲
주소 서울시 마포구 동교로 150, 7층 (04030)
전화 02-3141-8301~2
팩스 02-3141-8303
이메일 info@theforestbook.co.kr
페이스북·인스타그램 @theforestbook
출판신고 2009년 3월 30일 제 2009-000062호

ISBN 979-11-86900-67-3 (13590)

이 도서의 국립중앙도서관 출판예정도서목록(CIP)은 서지정보유통지원시스템 홈페이지(http://seoji.nl.go.kr)와
국가자료공동목록시스템(http://www.nl.go.kr/kolisnet)에서 이용하실 수 있습니다.
(CIP제어번호: 2018030768)